Eva-Maria Krämer

Hunde
die besten Freunde

Rassen
Haltung
Erziehung
Beschäftigung

KOSMOS

Inhalt

Ein Hund soll es sein

1 x 1 der Hundeerziehung

Freizeit mit dem Hund

Service

So sind Hunde

Tschechoslowakischer Wolfshund

Beginn einer Freundschaft

Jedes Haustier hat wilde Vorfahren, die der Mensch zunächst zähmte und unter seiner Obhut weiterzüchtete, sozusagen domestizierte und zu Haustieren machte.
Doch was veranlasste von allen Wildtieren ausgerechnet den Wolf, eine solch beispiellose innige Partnerschaft mit dem Menschen einzugehen?
Wieso wurde er in vielen Bereichen ein unersetzlicher Helfer?

Es sind zweifellos die vielen Parallelen zum Sozialverhalten in der Gruppe bzw. Meute. Wenn wir uns vorstellen, dass der frühe Mensch in seiner erbarmungslosen Abhängigkeit von der Natur wohl kaum die moralische Denkweise unserer heutigen Wohlstandsgesellschaft pflegen konnte, werden die Gemeinsamkeiten zwischen einer sammelnden und jagenden Menschenhorde mit einem ebenfalls stets auf Nahrungssuche befindlichen Wolfsrudel noch deutlicher.

Ein wesentlicher Unterschied zwischen Wolf und Mensch ist die Art der Nahrung. Der Wolf – ebenso wie sein Nachfahre Hund – ist ein Raubtier, das fast ausschließlich von tierischem Eiweiß lebt, während der Mensch ursprünglich ein Früchteesser war. Dank seiner Anpassungsfähigkeit gelang es dem Menschen, drastische Klimaveränderungen zu überleben, indem er sich vom Früchteesser zum Allesesser – also auch Fleischesser – entwickelte.

Der Wolf besitzt alle geistigen und körperlichen Fähigkeiten zur Jagd, der Mensch nicht. Er braucht dazu Hilfsmittel – Waffen und Hunde. Vielleicht wurde der Mensch als einziges Lebewesen zum sinnlosen Mörder, weil er von Hause aus kein gesundes Verhältnis zum Töten für das Überleben besitzt. Die Mensch-Hund-Beziehung ist aber mehr als nur eine Zweckgemeinschaft. Schon die mythologische Bedeutung des Hundes in der Frühzeit des Homo sapiens spricht für eine ganz besondere Seelenverwandtschaft.

Gemeinsamkeiten zwischen Mensch und Wolf

Wie der Wolf gehört der Mensch zu den anpassungsfähigsten Lebewesen dieser Erde. Ob im Eis oder unter sengender Sonne, überall wissen sich beide am Leben zu erhalten. Sie haben ihr Äußeres den Umweltbedingungen angepasst, sei es in Form von Fell- bzw. Hautfarbe, Wuchs, ja sogar unterschiedlicher Blutbeschaffenheit beim Menschen.

Wölfe leben in Familienverbänden, genau wie Menschen. Wölfe tun alles gemeinsam –

Im Spiel mit anderen Welpen lernt der Kleine bereits früh das hundliche Verhalten. Auch Wolfswelpen lernen im Spiel mit den Geschwistern.

► Wie viel Wolf steckt im Hund?

Durch die Haustierwerdung und die Fürsorge des Menschen wurden manche Instinkte des Wildtieres zum Überleben überflüssig. Einige Hunde sind noch sehr ursprünglich, andere wiederum haben sich ziemlich weit vom Wolf entfernt. Das hängt davon ab, welche Aufgaben sie bis vor nur 150 Jahren der Reinzucht oder gar bis heute zu erfüllen hatten und davon, wie lieb oder unlieb, nützlich oder lästig dem Menschen diese Eigenschaften waren. Doch tief im Grunde seines Wesens ist jeder Hund noch Wolf, auch wenn es bei dem einen mehr und bei dem anderen weniger deutlich zu spüren ist.

jagen, Nachwuchs aufziehen, spielen – wie wir Menschen auch.

Wölfe bzw. Hunde und Menschen müssen sich, da sie in einer Gruppe leben und alles gemeinsam tun, einfügen und verständigen können.

Hunde und Menschen waren ursprünglich Höhlenbewohner, beide haben daher die Eigenschaft, ihr Lager sauber zu halten.

Hunde und Menschen passen demnach hervorragend zusammen.

Aber auch das Jagdverhalten der Wölfe sowie ihr Sozialverhalten in der Gruppe und das Territorialverhalten unterscheiden sich deutlich entsprechend der Lebensumstände, der Art und Verfügbarkeit der Beute.

Besitz ist Macht – auch bei Hunden! Mit der Pfote auf dem Knoten verdeutlicht er seinen Besitzanspruch. Der Knoten an sich hat keine Bedeutung.

Unterschiede verstehen lernen

Trotz der vielen Gemeinsamkeiten sind Hund und Mensch völlig unterschiedliche Wesen, die die Welt mit eigenen Augen sehen. Es liegt am Menschen mit seiner überragenden abstrakten Intelligenz, das Hundeverhalten zu studieren und die naturgegebenen Unterschiede zu erkennen.

Oft erscheint uns das Verhalten unseres Hundes erstaunlich „menschlich", und wir behandeln ihn entsprechend. In Wirklichkeit aber handelt er nach seinem hundlichen Verständnis. Das führt zu Missverständnissen bis hin zu ernsten Problemen. Die Zeitungen berichten leider immer wieder über Unglücksfälle, bei denen Menschen durch Hunde zu Schaden kommen.

Der Hund kann sich seine Familie nicht aussuchen. Wir tragen daher die volle Verantwortung für das Wohl und Wehe unseres Hundes. Es liegt an uns, ihn zu verstehen und über die Erziehung eine gemeinsame Basis für ein erfolgreiches, angenehmes Leben in der Mensch-Hund-Gruppe zu legen.

Heute weiß man sehr viel, wenn auch längst nicht alles, über das komplizierte, aber erfolgreiche Leben der Wölfe in ihrem Rudel – sprich Großfamilie. Die moderne Verhaltensforschung hat parallel dazu das Verhalten der Haushunde studiert. Man konnte viel aus dem Wissen lernen, das uns durch die Wolfsforschung zur Verfügung steht. Die hervorragende Literatur zu diesem Thema sollte jeder Hundehalter nutzen.

Der Wolf (Canis lupus)

Das Leben bei Familie Wolf

Das Wolfsrudel ist eine hervorragend organisierte Gruppe, die funktionieren muss, will sie überleben. Lebensinhalt ist die erfolgreiche Aufzucht der Jungen, um die Art zu erhalten. Das bedeutet: Gesunde, erwachsene Tiere müssen für Nahrung und Unterkunft sorgen, damit die Jungen heranwachsen können. Und sie müssen ihre Welpen vor zahlreichen Gefahren schützen.

In der Gruppe ist ein Überleben leichter, denn jedes Tier besitzt besondere Fähigkeiten, die es zum Wohle der Gruppe einsetzen kann. Aber ohne Organisation geht gar nichts. Dazu muss man sich untereinander verständigen.

Wölfe können nicht sprechen; sie unterhalten sich mit Hilfe von Gesten, Mimik und Lauten. Das tun wir Menschen auch: Wir unterstützen unsere Sprache durch Drohgebärden, freundliches Lächeln, Stirnrunzeln, Schulterzucken und viele Gesten mehr.

Das Heulen im Chor dient der sozialen Verbundenheit im Rudel und fördert den Zusammenhalt in der Gruppe. Vergleichbar unserem Singen?

Die Besten geben den Ton an

Der Erfolg einer Gruppe hängt von einer guten Rudelführung ab. Es gibt einen Boss und eine Chefin, den Alpha-Wolf und die Alpha-Wölfin. Sie haben das Sagen über die Rudelmitglieder ihres jeweiligen Geschlechts. Und nur diese beiden, die sich als die klügsten, fittesten und im Umgang mit den Artgenossen am erfolgreichsten erwiesen haben, dürfen Welpen bekommen.

Passiert es, dass eine untergebene Wölfin Welpen bekommt, tötet die Alpha-Wölfin diese meist sofort. Sie ist nicht grausam, sondern ihr Instinkt befiehlt ihr, die Nahrung und den Lebensraum für die eigenen Jungen freizuhalten. Denn nur eine begrenzte Anzahl Welpen kann großgezogen und durch den Winter gebracht werden.

Bei der Aufzucht von Welpen hilft die ganze Gruppe mit. Das geht sogar so weit, dass Wölfinnen, die keine Welpen haben, Milch bekommen und die Welpen im Notfall mit säugen können.

Jedes Rudelmitglied hat seine Aufgabe, sei es bei der Jagd, bei der Jungenaufzucht oder Revierverteidigung. Deshalb sind verschiedene Charaktere notwendig und schon von Geburt an vorhanden. Da ist z. B. der Wolf, der die feinste Nase hat und keine Wildspur verpasst, da gibt es die Wölfin, die sich am besten anschleichen kann, ein anderer Wolf kann schneller und ausdauernder laufen als

Der einsame Wolf kommuniziert durch sein Heulen über weite Distanzen. Möglicherweise ruft er zur gemeinsamen Jagd auf.

seine Gefährten. Ihm gelingt es, fliehende Büffelherden einzuholen und ein schwächliches Tier abzusondern, und schließlich ist da der Wolf, der den tödlichen Angriff einleitet. Nur weil das Rudel aus so vielen Spezialisten besteht, kann es überleben.

Aber solch eine Jagd muss organisiert sein. Aufbruch zu früh oder zu spät, Fehlangriffe und falsches Einschätzen eines Beutetieres können über Leben und Tod der Gruppe entscheiden. Es muss einen Leitwolf geben, der bestimmt, wann es losgeht und wie. Nur wenn ihm alle folgen, hat die Gruppe Erfolg. Eine erfolgreiche Gruppe ist satt und zufrieden und kann in Ruhe ihre Jungen aufziehen.

Welpenerziehung im Rudel

Welpen lernen früh – liebevoll, aber bestimmt –, wer das Sagen hat und wie weit sie gehen dürfen. Diese Erziehung übernimmt in der Regel der Vater bzw. ein Wolfsrüde.

Zum Beispiel nimmt sich der Wolf einen saftigen Knochen und tut so, als interessiere er sich gar nicht dafür. Prompt kommt ein kleiner Welpe angewackelt und möchte herzhaft hineinbeißen. Da zieht der alte Wolf die Nase kraus und zeigt seine Zähne. Der Welpe erschrickt und rennt quiekend davon. Seinen Bruder beeindruckt das gar nicht. Er schnappt sich den Knochen, doch der Altwolf stürzt

sich mit drohendem Geknurre auf den Kleinen, der sich schreiend auf den Rücken wirft. Der Altwolf hält ihn knurrend mit den Kiefern fest, bis sich der Kleine völlig entspannt hat und dem Alten freundlich die Nase leckt. Dem Kleinen ist natürlich nichts passiert, aber er hat seine Lektion gelernt. Rümpft der Alte die Nase – Vorsicht! Der alte Wolf hat seine Aufgabe erfüllt, er geht weg und kümmert sich nicht mehr darum, was mit dem Knochen geschieht.

Auf diese Weise lernen Welpen die Ausdrucksweise und Mimik der erwachsenen Tiere kennen und üben sie fleißig in Kampfspielen mit den Geschwistern weiter. Obwohl jeder Welpe mal Oberwasser hat und jeder mal den Unterlegenen spielt, kann man schon sehr früh beobachten, welche Welpen empfindlicher sind, sich stärker beeindrucken lassen oder welche es darauf anlegen, die Geschwister zu unterdrücken.

Es ist wichtig, dass jeder Wolf weiß, wo sein Platz im Rudel ist, damit alles funktioniert. Rangeleien um die Führung sind meist nur Rituale, die im Rudel gepflegt werden, vom Welpen bis zum Althund. Würden solche Rangeleien ständig ausgeführt, könnte die Gruppe nicht in Frieden leben und jagen. Querulanten werden deshalb nicht geduldet. Sie werden vertrieben und müssen sich ihr eigenes Revier suchen. Wölfe, die nie die Rudelführung anstreben, leben zufrieden an ihrem Platz im Rudel. Sie tragen mit ihren Fähigkeiten zum Gruppenerhalt bei, aber sie fühlen sich, ohne Verantwortung übernehmen zu müssen, sehr viel wohler.

Nur der entscheidende Ernstkampf um die Rudelführung dauert so lange, bis einer der beiden aufgibt. Selbst hier kommt es, wenn für den Unterlegenen eine Fluchtmöglichkeit gegeben ist, selten zu Todesfällen. Sehr viel bösartiger und folgenschwerer sind Kämpfe um das Revier.

Eine große Rolle spielt der freundschaftliche Kontakt untereinander. Man spielt zusammen und beknabbert sich das Fell. Auch das Leittier ist kein Tyrann, sondern stets zu sozialem Kontakt mit seinen Rudelgenossen bereit. Das stärkt den Gruppenzusammenhalt und ist einer der wichtigsten Gründe, warum sich Mensch und Hund so gut verstehen – man kann hingebungsvoll miteinander schmusen und stundenlang fröhlich spielen.

Wäller

Vom Wolf zum Hund

Archäologische Funde belegen, dass Hunde den Menschen schon vor 15.000 Jahren begleiteten. Das bedeutet, dass der Schritt vom Wolf zum Hund sehr viel früher vollzogen wurde. Es gibt Genforschungsergebnisse, die die Haushundwerdung sogar 100.000 Jahre zurückverfolgen. Sicher werden künftige Funde Licht ins Dunkel bringen, wann und wie die Haushundwerdung (Domestikation) wirklich ablief.

Die frühen Menschen waren umherstreifende Sammler und Jäger. Die viel feineren Sinne der Wölfe zeigten das Herannahen großer Herden wilder Büffel oder Pferde frühzeitig an. Brachen die Wölfe zur Jagd auf, folgten die Menschen. Der erfinderische Mensch mit seinen Werkzeugen war manchmal erfolgreicher.

Reste üppiger Mahlzeiten waren den Wölfen willkommene Nahrung, die sicherlich besonders gerne tragende und säugende Wölfinnen oder schwächliche Tiere genutzt haben. Dafür fühlte sich der Mensch sicher, wenn die ums Lagerfeuer streunenden Wölfe im Dunkeln drohende Gefahr ankündigten.

Nicht zuletzt wird man die vierbeinigen Begleiter als lebenden Proviant in schlechten Zeiten genutzt haben. Als Selbstversorger und Vertilger der Reste leicht verderblicher Fleischnahrung, die für den Menschen in der warmen Jahreszeit nur kurze Zeit genießbar war, waren die zahmen „Hauswölfe" so eine Art „lebendes Fleischlager", das jederzeit greifbar war, wenn die Menschen keine Jagdbeute machten.

Sicher brachten die Männer von ihren Streifzügen gelegentlich Wolfsjunge mit, um den Kindern eine Freude zu machen. Vielleicht hielten Wölfe auch, wie es heute noch in Asien und Afrika bei manchen Völkern Hunde tun, das Lager von Abfällen rein.

Irgendwann ging der Mensch dazu über, Schafe, Ziegen und Rinder zu zähmen und als sein persönliches Eigentum zu betrach-

Der Pointer zeigt das Wild im hohen Gras an, das dem Menschen sonst verborgen bliebe.

ten, das ihm folgte und zu jeder Jahreszeit ohne gefährliche, aufwändige Jagd Fleisch, Wolle, Tierhäute usw. lieferte. Die Haustiere jedoch waren den wilden Wölfen in kargen Wintermonaten leichte Beute, und damit wurde der Wolf zum Feind des Menschen. Nun gewannen die zahmen Hauswölfe an Bedeutung, die ihr Revier vor Eindringlingen schützten.

Unter der Obhut des Menschen

In der Natur überleben längst nicht alle Welpen eines Wurfes. Die meisten kommen durch Unfälle oder Räuber noch vor der Geschlechtsreife ums Leben. Diese riskanteste Phase im Leben eines jeden Wildtieres entfiel weitgehend, wenn die Welpen unter der Obhut des Menschen im Lager aufwuchsen.

Nicht mehr der strengen Auslese von Mutter Natur unterworfen, konnten Welpen überleben und zur Fortpflanzung gelangen, deren Aussehen oder Verhalten in Freiheit den Tod bedeutet hätten. Zutrauliche Tiere, die nicht bei der geringsten Gefahr davon liefen, wurden vom Menschen bevorzugt, weil sie umgänglicher waren.

Überaus angriffslustige Hunde, die in der wilden Meute nur Unruhe gestiftet hätten und durch ständige Streitereien kaum zum Fressen gekommen wären, sind nicht verhungert. Die Menschen nutzten sie im Lager zum Schutz von Frauen, Kindern und Vieh. Die Männer nahmen Hunde mit besonders gutem Geruchssinn mit auf die Jagd.

Diese Beispiele zeigen, welche Vielfalt der Auslesemöglichkeiten für den Menschen sich alleine vom Verhalten und den Fähigkeiten der Tiere her bot. Ganz sicher spielte auch die Eitelkeit des Menschen schon früh eine Rolle, so dass auffallend gezeichnete Hunde bevorzugt wurden. Ebenso werden die Hundebesitzer miteinander um den schönsten und besten Hund gewetteifert haben. Warum sollte das damals anders gewesen sein als heute?

Da bestimmte äußere Merkmale mit bestimmten Leistungsmerkmalen gekoppelt sein können, erfolgte manchmal gleichzeitig eine Auslese bezüglich des Aussehens.

Durch gezielte Verpaarung von Hunden, die erwünschte Eigenschaften zeigten, wurden diese noch intensiviert, unerwünschte Eigenschaften gingen verloren. So entwickelten sich im Laufe der Jahrtausende zahlreiche Hunderassen, die ihrer Aufgabe und ihrer Umwelt hervorragend angepasst waren.

Entwicklung der Rassehunde

Schon auf Jahrtausende alten Darstellungen sehen wir unterschiedliche Hundetypen für bestimmte Aufgaben. Die Assyrer zogen mit schweren, gepanzerten Doggen in den Krieg, die alten Ägypter hatten hängeohrige Jagdhunde, schlanke Windhunde und kurzbeinige, dackelähnliche Hausgenossen. Die feinen Damen in Athen und im Alten Rom verwöhnten ihre Schoßhündchen. Schäferhundähnliche Hunde, zähnefletschend mit gesträubtem Nackenfell in Mosaiken eingelegt, warnten vor dem bissigen Wachhund.

Die heutige Rassehundezucht entstand erst Mitte des 19. Jh. in Großbritannien und wurde rasch zum Sport des Adels und wohlhabenden Bürgertums in Europa und in den USA.

Man legte schriftlich Idealvorstellungen zum Aussehen der jeweiligen Rassen, den „Rassestandard", für bereits vorhandene einheitliche Hundegruppen fest. Man erfasste Bauern- und Hütehunde, Wach- und Schutzhunde, Bullenbeißer, die zahlreichen Terrier, sowie Begleit- und Schoßhunde.

Die „Ahnentafel" gewann besondere Bedeutung, denn sie war der Nachweis der Reinrassigkeit, da alle Vorfahren eines Hundes darauf eingetragen waren.

Hirtenleben einst und heute in Portugal: Der große Cao da Gado Transmontano schützt die Herde gegen Wölfe. Links außen der kleine Hütehund, die Schafe fest im Blick, rechts daneben der Podengo als Kaninchenjäger.

Magyar Agar

Zum Laufen und Jagen geboren

Die Anatomie eines natürlich gebauten Hundes befähigt ihn zum Jagen und Töten unterschiedlichster Beutetiere – vom Kleinnager bis zum Elch. Daraus ergeben sich die wesentlichen Unterschiede zum ursprünglichen Früchteesser Mensch, für den sich das aufrechte Gehen auf zwei Beinen – mit freien Händen – als vorteilhafter erwies.

Unser kleiner Ausflug in das große Gebiet der Anatomie kann nur einige wesentliche Unterschiede zwischen Hund und Mensch streifen.

Der Hund besitzt fast durchweg dieselben Knochen, wenn auch anders geformt. Jedoch ist er ein „Zehengänger", während wir mit der ganzen Fußsohle aufsetzen. Die Schulter ist nicht mit dem Skelett verbunden (beim Menschen durch das Schlüsselbein), sondern hängt in Muskelschleifen.

Dafür hat sich unser Schwanzskelett zum Steißbein verknöchert. Einen Knochen jedoch besitzen wir nicht – den Penisknochen, der dem Penis des Rüden eine ständige Steife verleiht.

Die tragende Muskulatur und die Lagerung der Organe haben sich an die Gewichtsverlagerung auf vier Beine und den schweren, vorgelagerten Kopf angepasst.

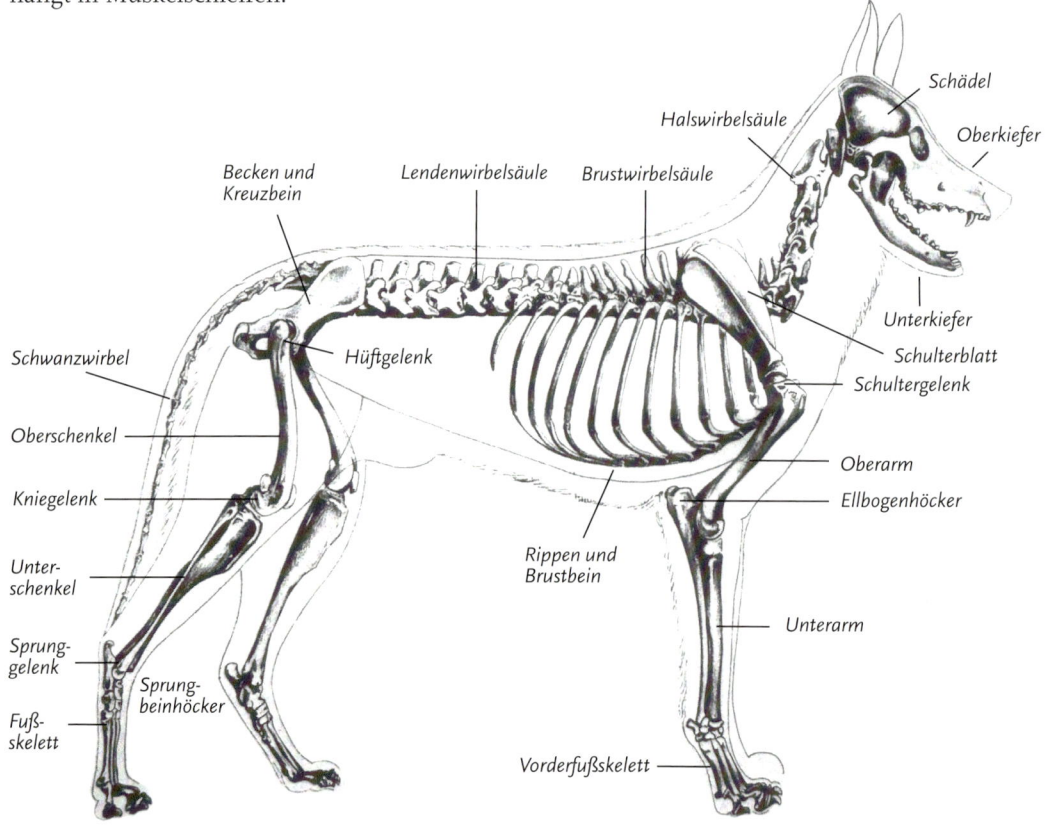

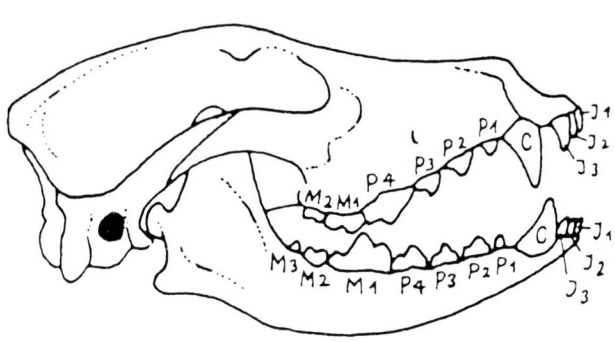

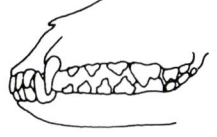

Scherengebiss

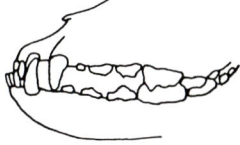

Vorbiss

Zangen- oder Aufbiss

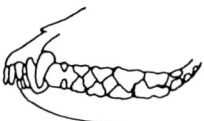

Unter- oder Überbiss

Das Hundegebiss

Da der Hund keine Greifarme und damit auch nicht die Fähigkeit besitzt, Werkzeuge zu nutzen, ist sein wichtigstes Werkzeug das Gebiss. Sein typisches Raubtiergebiss besteht aus Eckzähnen (Canini = C, zum Festhalten), Schneidezähnen (Inzisivi = I, zum Abbeißen) und Backenzähnen (Prämolaren = P, sowie Molaren = M, zum Zerschneiden).

Die Anordnung der Zähne im Kiefer ergibt eine kraftvolle Schere, mit der der Hund Knochen, Sehnen und zähe Haut zerkleinern kann. Bei den meisten Rassen ist deshalb ein so genanntes „Scherengebiss" erwünscht. Beim Vorbiss schiebt sich der Unterkiefer vor den Oberkiefer. Überbeißer greifen mit dem Oberkiefer zu weit über den unteren. Alle extremen Abweichungen von der Naturform, ob gewollt oder ungewollt, können den Hund beim Fressen, Atmen und bei der Welpenpflege beeinträchtigen. Beim so genannten Zangengebiss beißen die unteren und oberen Schneidezähne aufeinander, was für den Hund außer schnellerer Abnutzung kaum Auswirkungen hat.

Welpen sind bei der Geburt zahnlos, die Milchzähne brechen ab der 3. Lebenswoche durch. Ab dem 4. Monat beginnt der Zahnwechsel zum bleibenden Gebiss. Mit zunehmendem Alter nutzen sich die Zähne ab, so dass man das Alter eines Hundes recht gut am Zustand der Zähne abschätzen kann, wobei natürlich Ernährung und Veranlagung zu gesunden Zähnen eine Rolle spielen.

Fehlende Zähne kommen nicht nur bei Rassehunden, sondern bei allen Hunden einschließlich Wölfen vor. Den Zahnverlusten wird in der Rassehundezucht unterschiedliche Bedeutung zugemessen. Ein fehlender Zahn in einer Kieferhälfte beeinträchtigt die Lebenstüchtigkeit nicht, während frei liegende Zahnleisten verletzungsgefährdet sind. Durch die bequeme „Fertigbreifütterung" darf unser moderner Haushund seine Zähne ohnehin kaum nutzen.

Der Hund „zerschneidet" seine Beute in schluckgerechte Brocken und verschlingt sie. Als Fleischfresser besitzt er keine Verdauungssäfte in der Mundhöhle. Er braucht deshalb seine Nahrung nicht zu kauen. Deshalb kann er auch ungekochte Kohlenhydrate nicht verdauen. Sein Verdauungstrakt hat einen wesentlich kürzeren Darm. Die Zunge ist beweglicher als unsere und dient bei der Wasseraufnahme als Schöpflöffel.

► Wussten Sie schon...

► Die Nase des Hundes liegt im Gesichtsschädel und endet im sog. Nasenspiegel oder -schwamm, dessen kleine Hautfelder ein individuelles Muster abgeben, das unserem Fingerabdruck entspricht. Durch Ausscheidungen der Nasendrüsen- und Tränenflüssigkeit bleibt sie in der Regel feucht. Weinen können Hunde nicht, die Tränenflüssigkeit fließt nicht nach außen ab.

► Ein wesentlicher Unterschied ist das Fehlen von Schweißdrüsen in der Haut. Der Hund schwitzt nur durch Maul und Pfoten. Er tut sich in der Regulierung der Körpertemperatur deshalb schwerer und muss zur Kühlung hecheln. Dabei fördert er die kühlende Wasserverdunstung im Fang. Hunde sind in der Regel sehr viel hitzeempfindlicher als wir.

► Der Hund besitzt zwei Duftstoffdrüsen rechts und links unterhalb des Afters. Diese sog. Analbeutel werden beim Kotabsetzen entleert und verleihen der Hinterlassenschaft eines Hundes seine persönliche und in Hundenasen unverwechselbare Duftnote. Über die Pecaudaldrüse verteilt der wedelnde Schwanz den individuellen Körperduft.

Weißer Schweizer Schäferhund

Hundesprache verstehen

Für das Leben in der Gruppe und eine erfolgreiche Jagd müssen sich Mensch und Tier verständigen. Über die Kommunikation werfen wir einen Blick in die faszinierende Welt des Hundes. Wir werden ihn noch mehr lieben, schätzen und akzeptieren. Und wir können ihm unsere Wünsche vermitteln. Der Hund ist kein Empfehlsempfänger. Vertrauen und Zuverlässigkeit erreichen wir nur über die Kommunikation.

Hunde kommunizieren über die Nase (Gerüche), Ohren (Geräusche), Augen (Bewegung, Körperhaltung, Mimik) und durch Berührung.

Verständigung über Gerüche

Hunde produzieren individuelle Gerüche. Kot und Urinabsetzen dienen der Orientierung und Reviermarkierung und sind Dominanzgehabe oder Paarungsaufforderung. Mit Aas- und Kotwälzen überdecken sie Eigen-

Dieser Beagle will Aufmerksamkeit erregen. „Achtet auf mich, ich habe etwas Tolles gefunden!" Obwohl da gar nichts ist.

geruch, weisen auf Beute hin, wollen imponieren – und sie lieben es!

Die Düfte des Anal- und Genitalbereichs sind die Visitenkarte des Hundes. Der selbstsichere Hund steht still und lässt sich vom unterordnungsbereiten Hund beriechen und belecken. Der unterwürfige Hund wirft sich auf den Rücken, um sich beriechen zu lassen. Die paarungsbereite Hündin beschnuppert und leckt die Genitalien des Rüden und bietet ihre dem Rüden an. Bei Angst und Aufregung entleert sich der Hund zur schnelleren Flucht und lenkt durch den stark riechenden Kot den drohenden Rivalen ab. Die Schweißdrüsen an den Pfoten hinterlassen ihre Spur. Umgekehrt erfasst der Hund durch Wittern und Lecken diese Düfte.

Verständigung über Geräusche und Mimik

Hunde äußern viele verschiedene Laute von unterschiedlicher Bedeutung. Sie drücken Zusammengehörigkeit aus, fordern Aufmerksamkeit, imponieren, zeigen Unsicherheit, Angst, Unwohlsein, Unterordnung, Schmerz, alarmieren und warnen. Der jagende Hund meldet dem Jäger – oder mitjagenden Hunden – durch seine Lautäußerungen (Geläut), welches Wild er jagt und wie nahe er der Beute ist.

Mit den Augen können sie Gesten, Körperhaltung und Mimik erfassen.

Dominanz ist nicht gleich Aggression. Der erwachsene kastrierte Rhodesian Ridgeback trifft zwei Collies. Der jung kastrierte Collie Caddie macht sich unbedeutend und lässt sich beriechen. Der Ridgeback geht in aktive Dominanz über. Caddie ist das unangenehm, er will ausweichen.

Von hinten kommt der nicht kastrierte Collie Clyde und demonstriert durch Aufreiten seine Dominanz, während der Ridgeback die seine durch Kopfauflegen klar macht. Caddie ergibt sich in sein Schicksal. Diese Rüden haben friedlich ihre jeweilige Stellung geklärt und können nun zur gemeinsamen Jagd aufbrechen.

Verständigung über Berührungen

Kopf- und Pfotenauflegen, Anstupsen, Drängeln, Anrempeln und Aufreiten sind Dominanzgesten, der Nackenstoß korrigiert das Verhalten. Manche Verhaltensweisen sind missverständlich, Lecken kann Betteln um Nahrung, sexuellen Kontakt aber auch Warnung bedeuten. Man muss schon sehr genau hinschauen, die Situation und das Umfeld berücksichtigen, um das Verhalten deuten zu können. Den Hunden genügen kaum erkennbare Andeutungen, die vom Menschen ein geschultes Auge und auch Erfahrung erfordern. Man sollte sich über hervorragende Literatur informieren, aber sie liefert keine Patentrezepte, weil jede Situation anders ist. Lernen und beobachten, ehe man umsetzt, ist wichtig, um richtig reagieren zu können. Wird friedliches Dominanzverhalten nicht erkannt und zollt der Mensch dem Hund nicht den geforderten Respekt, fühlt sich der Hund u. U. veranlasst, härtere Maßnahmen mit den Zähnen zu ergreifen.

Islandhund

Was die Körpersprache verrät

Hunde sind hervorragende Beobachter und setzen eine Vielzahl von Gesten, Bewegungen, Gesichtsmimik, Blicke, Aufstellen des gesamten Haarkleids oder nur des Nacken- und Rückenkamms, Kopf-, Körper- und Rutenhaltung im Auftreten gegenüber eines anderen Hundes oder uns Menschen ein. Für uns als „Augentier" ist die Körpersprache am leichtesten nachzuvollziehen, wenn wir sie verstehen lernen.

Cairn Terrier Berri zeigt deutliches Abwehrdrohen. Er weist die Hand über dem Kopf ab und ist bereit, zuzuschnappen.

Der im Grunde friedfertige Hund sagt „Bleib wo du bist, sonst muss ich dich beißen!" Frei von seiner Kette wäre er gelassener.

Der Tervueren musste auf den Rücken – er bietet seinen Bauch dar, wendet den Blick aber nicht ab. Das Züngeln zeigt sein ambivalentes Verhalten.

Der helle, dominante Whippet Chancy bietet den am kurzen Ende gefassten Stock seinem Freund zum gemeinsamen Jagdspiel an.

Aufbau von Aggression

1) Der gelassene, selbstsichere Hund steht entspannt und aufmerksam mit nach vorne gerichteten Ohren, die Rute hängt locker herab.

2) Der imponierende Hund macht sich groß: Er richtet sich auf, hebt die Rute, sträubt das Nackenfell. Der Gesichtsausdruck ist aufmerksam, dominierend bis drohend.

3) Unmissverständlich drohender Hund: Gespannte Körperhaltung, abgestelltes Haarkleid, steil aufgerichtete Rute, stechender Blick mit von oben nach unten gerichteter Nase, der Nasenrücken wird in Falten gelegt und das vordere Gebiss gezeigt. Möglicherweise grollt er tief. Der geschlossene Fang wird erst beim Angriff geöffnet.

Abbau zur Demutshaltung

4) Der unsichere Hund zeigt einen gespannten, leicht unruhigen Blick, die Ohren spielen nach hinten, die Lefzen sind etwas nach unten gezogen, die Körperhaltung wirkt geknickt, die eingeklemmte Rute wedelt demütig.

5) Abwehrverhalten und Angstdrohen. Die Ohren werden zurückgelegt, die Rute eingeklemmt. Unsicherer Blick bei gekräuseltem Nasenrücken, die nach hinten gezogenen Lefzen zeigen Zähne. Der ganze Hund drückt Unsicherheit aus. Mangels Fluchtmöglichkeit kann er zum Angriff übergehen.

6) Der sich passiv unterwerfende, aggressionsfreie Hund legt die Ohren flach an, macht sich klein, zeigt mit der Nase von unten nach oben, weicht dem direkten Blick aus, klemmt die Rute ein. Diese Demutshaltung und aktives auf den Rücken werfen können – müssen nicht! – den Hund vor einem Angriff retten.

Magyar Vizsla

Die Welt der Sinne

Hunde setzen bei der Jagd Nase, Augen und Ohren ein. Ihr feines Gehör macht sie zu hervorragenden Wachhunden. Die Fähigkeit, geringste Geruchsspuren unterscheiden zu können, lässt sie nach Hautkrebs, Schimmelpilzen, Waffenöl, Sprengstoff und vieles mehr „jagen". Wie aber „spüren" Hunde einen bevorstehenden epileptischen Anfall oder Blutdruckschwankungen?

Den Gerüchen auf der Spur

Während der Mensch seine Umwelt eher mit den Augen erfasst, lebt der Hund in einer „Geruchswelt". Hierbei überragen uns die Hunde derart, dass sich selbst Wissenschaftler nicht sicher sind, wie weit die Fähigkeiten wirklich reichen.

Hunde sind in der Lage, eine tagealte Spur, von der wir Menschen gar nichts ahnen, sicher zu verfolgen. Jedes Lebewesen hinterlässt eine Duftspur. Mit jedem Schritt verlieren wir Hautschuppen und verursachen eine geruchliche Veränderung, weil der zertretene Boden Düfte abgibt, Bakterien sofort mit der Verwertung des Zertretenen beginnen und den Geruch weiter verändern. Jedes Lebewesen hat einen Eigengeruch, selbst Stimmungsänderungen drücken sich in

unterschiedlichen Körperausdünstungen aus. Angstschweiß riecht anders, als wenn wir im Sommer schwitzen. Hinzu kommen die vielen Gerüche verschiedenster Tiere und Kleinlebewesen, von Teer im Asphalt, Motorenöl und Benzin, abgeriebenem Gummi der Autoreifen und viele mehr.

Der Hund nimmt selbst winzigste Spuren eines Duftes deutlich wahr. Er kann auch sehr viel besser Gerüche unterscheiden als wir, und seien sie noch so fein. Für uns angenehme Düfte können für den Hund äußerst unangenehm sein. Wenn wir die Nase rümpfen, genießt der Hund die interessante Geschichte in vollen Zügen, die ihm z. B. der Geruch eines Hundehaufens erzählt.

Der Geruchssinn ist je nach Rasse sehr unterschiedlich. So wurden bestimmte Jagdhunde seit Generationen nur auf ihre hervorragende Riechleistung hin gezüchtet. Aber

▶ Die Hundenase

Die Riechschleimhaut des Menschen misst 5 cm², die des Deutschen Schäferhundes bis 170 cm²! Hunde können z. B. Buttersäure in einer millionenfach, Essigsäure in einer 100-millionenfach geringeren Konzentration wahrnehmen. Der vordere Gehirnanteil, beim Hund Riechhirn genannt, ist wesentlich besser entwickelt als beim Menschen und ermöglicht dadurch eine bessere Auswertung der Duftreize.

selbst Windhunde, die auf Sicht jagen, haben für unsere Begriffe immer noch einen unvorstellbar hoch überlegenen Geruchssinn und erfassen ihre Umwelt mit der Nase.

Immer informiert

Auch das Gehör des Hundes ist dem unseren weit überlegen. Er kann noch Töne wahrnehmen, die unser Ohr nicht hört. Der Mensch nimmt bestenfalls Töne bis zu einer Frequenz von 20.000 Hertz wahr, der Hund über 40.000! Der Hund kann mit Hilfe von speziellen Muskeln mit seinen Ohren die Schallquelle orten und zwei dicht zusammenliegende, unterschiedliche Quellen unterscheiden. Der Hund hört Töne aus einer viermal weiteren Entfernung als der Mensch, und er ist in der Lage, sein Gehör durch bestimmte Muskeln vor großem Schalldruck, also überlauten Geräuschen, zu schützen.

Der Hund kann außerdem Töne besser unterscheiden als wir. Er hört genau, wenn unser Auto noch weit vom Haus entfernt um die Ecke biegt. Unser Auto, nicht irgendein Auto gleichen Typs. Er hört Schritte lange vor uns und weiß genau, wer da kommt, egal was für Schuhe er anhat, ob er rennt oder gerade schlendert.

Bei der Hundeerziehung zu brüllen ist deshalb purer Unsinn. Und uns davonzuschleichen, wenn wir den Hund zurücklassen müssen, nützt nichts. Wir können ihm nichts vormachen.

Alles im Blick

Das Gesichtsfeld des Hundes ist aufgrund der verschiedenen Kopfformen der einzelnen Rassen unterschiedlich. So kann ein rundschädliger Hund mit nach vorne gerichteten Augen weniger gut zur Seite und nach hinten sehen, ist aber, ähnlich dem Menschen, eher in der Lage, Dinge in der Nähe scharf zu sehen.

Langschädelige Hunde haben ein wesentlich größeres Blickfeld zur Seite und nach hinten, aber nur eine geringe Sehschärfe im Nahbereich. Durch Untersuchungen der Netzhaut, die das eigentliche Bild auffängt und ins Gehirn weiterleitet, weiß man, dass

Podengos jagen mit der Nase, den Augen und den Ohren. Im dichten Gestrüpp ihrer Heimat entgeht ihnen keine Beute.

Hunde weitgehend farbenblind sind und nur bei guten Lichtverhältnissen die Grundfarben unterscheiden. Blau wird deutlich wahrgenommen. Dabei sind sie im Dämmerungs- und Nachtsehen dem Menschen weit überlegen. Eine reflektierende Schicht unter der Netzhaut wirkt zusätzlich wie ein Restlichtverstärker.

Hunde sind sehr viel bessere Beobachter als wir. Ihrem Blick entgeht nicht die geringste Bewegung des Körpers, das Zucken eines Fingers oder ein Augenzwinkern. Sensible Hunde reagieren auf Veränderung im Gesichtsausdruck ihres Menschen. Er sieht ein Lächeln ebenso wie Wut in unserem Gesicht. Hunde bemerken unsere Launen viel eher als Mitmenschen. Deshalb soll man nie mit Hunden arbeiten, wenn man nervös oder schlecht gelaunt ist. Auch wenn wir versuchen, unseren Zorn zu unterdrücken – der Hund merkt, dass mit uns gerade etwas nicht stimmt!

Den Körper fühlen

In der Haut befinden sich so genannte Sinneskörperchen, die Druck, Berührung, Vibration, Temperatur und Schmerzen ans Gehirn weiterleiten. In den Augenbrauen und am Fang befinden sich Tasthaare. Es gibt auch bei Hunden schmerzempfindliche und weniger empfindliche Tiere.

Grand Gascogne Saintongeoise

Partnerwahl und Paarung

Bei allen Lebewesen spielt die Fortpflanzung, und damit die Arterhaltung, die wesentliche Rolle im Leben. Allerdings sind dem Hund Moralbegriffe wie anständig und unanständig fremd, und es fällt vielen Menschen schwer, die geschlechtsbedingten Verhaltensweisen eines geliebten Vierbeiners zu akzeptieren. Aber man muss sich in jedem Fall damit auseinandersetzen.

Immer der Nase nach

Rüden werden mit ca. neun Monaten geschlechtsreif, kleine Rassen etwas früher, große eher später. Manche sind wahre Sexmonster, die nichts anderes im Sinn haben, andere wiederum scheinen sexuell eher unterentwickelt zu sein. Das hängt vom Hormonhaushalt und der ererbten Veranlagung ab, ist aber auch eine Frage der Erziehung, denn Sexualverhalten ist oft reines Dominanzgehabe.

Auch im Rudel lernen Hunde, mit ihrer Sexualität zu leben. Das Recht auf Fortpflanzung haben nur die hochrangigen Tiere, die anderen „dürfen" nicht.

Es ist deshalb im Mensch-Hund-Rudel ganz normal, wenn sich der Hund sexuell neutral zu verhalten hat, und keine Tierquälerei, unerwünschtes Aufreiten zu verbieten. Wer jedoch mit seinem Hund züchten will, muss schon dem jungen Hund ungezwungenen Umgang mit Artgenossen zugestehen. Deshalb sollte sich der Rüdenbesitzer gut überlegen, ob er seinem Hund erlaubt, „mal" eine Hündin zu decken. Oft tut dies ein etwas älterer, menschengeprägter Familienhund ohnehin nicht, aber wenn, wird er künftig jede Hündin, die ihm über den Weg läuft, zuerst einmal überprüfen.

Für das Nasentier Hund spielt sich das Sexualleben weitgehend über den Geruchssinn ab. Jede hündische Hinterlassenschaft gibt genauso Auskunft über das Geschlecht, und im Falle einer Hündin über ihren Sexualzyklus. Jeder Hund wird deshalb zunächst die Duftspuren der Artgenossen gründlich untersuchen. Natürlich sollte man dies dem Hund nicht generell verbieten, aber man kann ihn durchaus so weit erziehen, dass er beim Stadtgang an der kurzen Leine nicht an jeder Ecke und an jedem Pfahl stehen bleibt. Sexualverhalten wie z. B. Aufreiten ist meist reines Dominanzverhalten und kommt deshalb auch unter Rüden und unter Hündinnen vor; dies üben bereits die Welpen.

Der Duft der Liebe

Hündinnen werden in der Regel zwischen dem sechsten und neunten Monat zum ersten Mal heiß oder läufig, das heißt befruchtungsfähig. Die Hitze dauert rund drei Wochen und beginnt mit blutig-wässrigem Scheidenausfluss. Schon Wochen vor der Hitze „markiert" die Hündin. Sie macht beim Spaziergang ungewöhnlich häufig Bächlein und wirkt unkonzentriert, ja manchmal sogar ungehorsam.

Rüden entgeht diese weitläufig über zwei Wochen von der Hündin sorgfältig angelegte Nachrichtenkette nicht. Den Duft in der Nase, vergessen sie jeden Gehorsam; manche Rüden sitzen die ganze Zeit wimmernd an der Tür und verweigern sogar das Futter.

Oben: Die kleine Hündin dreht die Rute zur Seite – sie ist zur Paarung bereit. Unten: Die Hündin steht und lässt sich decken.

Zur Paarung bereit

Der Penis des Rüden ist durch einen Knochen versteift und erigiert nicht. Nach dem Aufreiten und Eindringen in die Scheide füllt sich der Schwellkörper mit Blut – der Rüde „knotet". Der äußere Scheidenmuskelring der Hündin verkrampft sich dabei hinter diesem Knoten, Rüde und Hündin sind nun fest verbunden. Jetzt steigt der Rüde von der Hündin ab und beide stehen Hinterteil an Hinterteil. Dieses hundetypische „Hängen" dient der sicheren Befruchtung. Keinesfalls dürfen hängende Hunde wegen der Verletzungsgefahr gewaltsam getrennt werden. Lösen sich die beiden, toben sie erleichtert und lecken sich in Ruhe sauber.

Die Hündin bleibt noch einige Tage deckbereit, so dass sie tatsächlich Welpen verschiedener Väter in einem Wurf haben kann.

Scheinträchtigkeit

Wird die Hündin nicht gedeckt, ist die Läufigkeit nach ca. drei Wochen vorüber, die Hündin lehnt nun jeden Annäherungsversuch eines Rüden entschieden ab.

Manche Hündinnen werden nach der Hitze scheinträchtig, d.h. sie zeigen mehr oder weniger ausgeprägt alle Hormonabläufe einer Trächtigkeit bis hin zum Nestbau, ohne jedoch befruchtet worden zu sein. Sie sammeln oft Spielsachen als Welpen um sich, produzieren Milch und können sogar als Ammen eingesetzt werden, was im wild lebenden Rudel eine sinnvolle Einrichtung der Natur ist. Im Extremfall werden Hündinnen vorübergehend aggressiv.

Nach etwa zwei Wochen wird der Ausfluss blass, die Scheide ist stark angeschwollen und hat gerade den Höhepunkt der Schwellung überschritten. Die Hündin hebt den Po bei zur Seite gelegter Rute, sobald man ihre Kruppe krault oder sich ein Rüde nähert.

Nun zeigt sich auch der Grund für das Wort „läufig", denn sonst anhängliche, gehorsame Hündinnen nehmen jede Gelegenheit wahr, um zu entwischen. Jetzt „steht" die Hündin und akzeptiert die Annäherungsversuche des Rüden, den sie vor kurzem noch so heftig abgebissen hat. Ja, sie animiert ihn sogar und fordert ihn zum Spiel auf. Keinesfalls sollte man Deckakte aus „züchterischer Notwendigkeit" heraus erzwingen.

▶ Kastration

In vielen Ländern werden Rüden und Hündinnen routinemäßig kastriert. In Deutschland bedarf das einer medizinischen Indikation. Die Kastration ist immer ein bedeutender Eingriff in das Leben des Hundes und sollte nicht aus Bequemlichkeit oder rein vorsorglich, sondern nur nach reiflicher Überlegung, erwogen werden.

Akbaş Welpen

Ein Welpe wird geboren

Hunde zu züchten setzt große Verantwortung für Zuchttiere und Welpen voraus. Hundezucht erfordert sehr viel Zeit, Platz und Fachwissen. Nicht zu vergessen die Kosten. Der gute Züchter bleibt auch den verkauften Welpen ein Hundeleben lang verbunden, die er mit viel Liebe und Sorgfalt aufgezogen hat und steht mit Rat und Tat zur Seite. Jede Hundegeburt ist ein kleines Wunder und fasziniert immer wieder.

Der Tag der Geburt naht

Nach erfolgreichem Deckakt ist die Hündin zwischen 59 und 65 Tagen trächtig, wobei jede Trächtigkeit etwas anders verlaufen kann.

Bis zum **30. Tag** kann man keine Veränderung an seiner Hündin erkennen. Sie genießt den normalen Tagesablauf mit Spaziergängen und Spielen. Doch langsam schwellen die Milchleisten an, auf denen die kleinen Zitzen sitzen.

Ab dem **36. Tag** werden die Zitzen größer und dunkler, die Hündin ist noch immer zu allen Späßen und Spielen mit den anderen Hunden aufgelegt.

Am **43. Tag** zeigt sich eine kleine Wölbung unterhalb der Rippen. Die Futterration wird nun auf mehrere Mahlzeiten verteilt, um die Verdauung zu entlasten. Die Menge wird nicht erhöht, aber wichtig ist eine ausgewogene, hochwertige Kost, die alle nötigen Vitamine und Mineralstoffe enthält. Der Bauch wird nun sichtbar dicker, und die Hündin muss sich nun öfter lösen.

Ab dem **50. Tag** muss sie auch nachts öfter hinaus und verhält sich insgesamt etwas ruhiger.

Ab dem **57. Tag** misst man täglich zur gleichen Zeit die Körpertemperatur im After, um das Absinken nicht zu versäumen und von der Geburt überrascht zu werden. Bei größeren Rassen liegt die normale Körpertemperatur zwischen 37,5 und 38,5 °C.

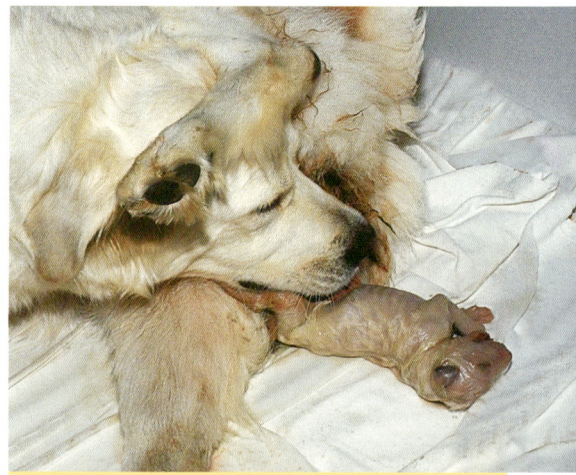

Die Hündin leckt den soeben geborenen Welpen trocken, sie kaut die Nabelschnur durch und befreit den Welpen aus der Eihülle.

Ab dem **60. Tag** senkt sich der Bauch deutlich.

Am **61. Tag** sinkt die Temperatur auf 36,79 °C ab, die Hündin wird unruhig und beginnt stark zu hecheln.

Am **62. Tag** steigt die Temperatur auf 37,19 °C. Die Hündin hechelt und läuft unruhig hin und her, frißt aber noch wie gewohnt. Wenige Stunden später laufen wie kleine Wellen die ersten Wehen durch den Körper. Die Hündin geht nun freiwillig in die Wurfkiste. Sie drückt den Rücken gegen die Wand und presst deutlich. Viele Hündinnen werfen lieber im Stehen, weshalb die Wände der Wurfkiste so hoch sein sollten, dass sie sich abstützen kann.

Geburt des ersten Welpen

Die Hündin reißt die Eihülle auf, kaut die Nabelschnur dicht an der Bauchdecke des Welpen mit den Backenzähnen durch (die Quetschung verhindert Nachbluten), frisst die Nachgeburt auf und leckt den Welpen trocken. Dabei wirft sie den Welpen recht unsanft hin und her. Er soll schreien, damit sich durch heftige Atemzüge die Lungen öffnen und die Eigenatmung beginnen kann. Die Nabelschnur vertrocknet rasch und fällt nach ein paar Tagen ab.

Gesunde Welpen machen sich sofort nach der Geburt zielstrebig auf den Weg zur Zitze und saugen sich fest. Hier finden sie Nahrung und Wärme.

Züchter, ob die Entwicklung wunschgemäß verläuft. Kurz nach der Geburt kann das Geburtsgewicht sinken, doch dann sollten die Welpen rasch zunehmen und binnen einer Woche ihr Geburtsgewicht verdoppeln.

Das Wiegen ist für die Welpen von großer Bedeutung. Die wenigen aktiven Sinne des Welpen spüren die Berührung und riechen den Menschen, eine wichtige Voraussetzung für die spätere Bindung an diesen.

Vernachlässigt die Hündin einen Welpen gegenüber den anderen, schubst ihn von den Zitzen, wirft ihn aus der Wurfkiste oder tötet ihn sogar, kann man sicher sein, dass etwas mit ihm nicht stimmt. Man sollte ihrem Instinkt vertrauen und ihn nicht künstlich aufziehen, auch wenn das sicher noch so schwer fällt.

Die Geburt ist abgeschlossen, die Welpen sind sauber geleckt und haben alle die Zitzen der Hündin gefunden. Hier nehmen sie ihre erste Mahlzeit ein und fallen danach gesättigt in den Schlaf. Die Hündin kann sich nun auf dem frisch gemachten Wurflager ausruhen.

Die Abstände zwischen den Geburten sollten zwei Stunden nicht überschreiten.

Immer wieder leckt die Hündin ihre Welpen und massiert mit der Zunge die Bäuchlein, damit die Welpen den ersten Kot, das so genannte Darmpech, ausscheiden können. Die Hündin frisst, solange sie die Welpen ohne Zusatzfütterung säugt, die Häufchen auf und hält somit das Wurflager peinlich sauber.

Nach der Geburt des letzten Welpen schläft die Hündin ein wenig. Nach ein paar Stunden bekommt sie ihre gewohnte Abendmahlzeit. Alle Welpen werden sofort nach der Geburt gewogen. Die Gewichtskontrolle in den ersten Tagen und Wochen zeigt dem

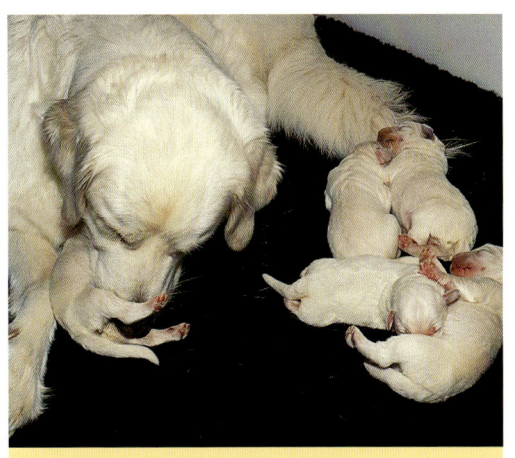

Mit großer Hingabe regt die Mutter durch das Lecken die Ausscheidung von Kot und Urin an – das spätere beliebte „Bäuchleinkraulen".

Weißer Schweizer Schäferhund

Vom Welpen zum Hund

Die Kenntnisse um die Entwicklung des Hundes von der Geburt an wurden in den letzten Jahrzehnten sorgfältig erforscht und haben für den Züchter und Hundehalter eine wesentliche Bedeutung. In den ersten Lebenswochen werden die Weichen für eine gute Anpassung an das spätere Leben gestellt. Der Welpe lernt Menschen, andere Tiere und seine Umwelt kennen und fasst Vertrauen.

Vorbereitung aufs Leben

Während früher die Hunde nach Bedarf gezüchtet wurden und einer bestimmten Aufgabe nachgingen, bei der gewisse Verhaltensweisen notwendig, andere vollkommen unwichtig waren, werden an den normalen Familienhund heute ganz andere Erwartungen gestellt. Früher blieben die Hunde in ihrer gewohnten Umgebung und erfüllten die ihnen gestellten Aufgaben bis zum Tod.

Heute soll der Hund seine Menschen in jeder Lebenslage, und sei sie für die Natur des Hundes noch so widersinnig, fröhlich, unbefangen und problemlos begleiten. Dabei soll er, je nach Wunsch, wachsam bei Bedarf, im Ernstfall scharf, zuverlässig kinderfreundlich, gelegentlich verspielt, temperamentvoll, stets gehorsam, selbstbewusst, gesund und hübsch sein.

Selbstverständlich muss er unsere hochtechnisierte Umwelt völlig unbefangen hinnehmen, sich ungehemmt im dicksten Stadtverkehr bewegen, auf „Hopp" in die Straßenbahn einsteigen, leidenschaftlich gerne Auto fahren, in überheizten Räumen zufrieden leben, Staubsauger akzeptieren, brav in lauten Kneipen unterm Tisch liegen oder heiße Spanienurlaube genießen.

Wir verlangen von unserem Hund, dass er sich genauso benimmt wie ein vernünftiges Kind. Tut er es nicht, ist er „verhaltensgestört". Weil wir aber solch enorme Ansprüche an unsere Hunde stellen, ihnen jedoch in den seltensten Fällen eine Ausgleichsbeschäftigung bieten, die ihrer Wesensveranlagung entspricht, bedarf die Aufzucht junger Hunde größerer Sorgfalt denn je.

Diese ist nicht gewährleistet, wenn Welpen am laufenden Band in Großzuchtstationen produziert werden. Alles muss schnell gehen, die Reinigung der Zwinger und das Füttern. Hygienisch und zweckmäßig soll eine solche Anlage sein, möglichst wenig Personal darf die Kosten in die Höhe treiben. Da bleibt für den einzelnen Welpen bestenfalls die Kontrolle, ob er gesund ist. Seine geistige Entwicklung interessiert nicht.

Nach 10 bis 14 Tagen öffnen sich die Augen, die ersten Spiele mit den Geschwistern beginnen. Die Sinne entwickeln sich sehr schnell.

Auswahl der Elterntiere

Hinzu kommt, dass bei der Auswahl der Elterntiere meist die nötige Sorgfalt fehlt und oft Hunde zur Zucht gelangen, die ihre angeborenen Charakterfehler vererben. Der meist unbedarfte Hundehalter hat nun die schwierige Aufgabe, einen solchen Welpen zu einem brauchbaren Familienhund heranzuziehen.

Der verantwortungsvolle Züchter macht sich die Kenntnisse der modernen Verhaltensforschung zunutze und befähigt damit seine Welpen, die auf sie im Laufe ihres Lebens zukommenden Umwelteinflüsse zu bewältigen. Voraussetzung ist jedoch, dass der Züchter schon bei der Auswahl der Elterntiere darauf achtet, dass erbliche Wesens- und Verhaltensfehler vermieden werden.

Es ist deshalb wichtig, die Entwicklungsphasen des Hundes zu kennen und entsprechend das sich ausbildende Gehirn des Welpen anzuregen und zu fördern, damit es alle Voraussetzungen der Stressbewältigung besitzt. Dazu muss man wissen, dass die psychische und physische Entwicklung je nach Rasse oder Familie leicht abweichen kann.

1. und 2. Woche – Neugeborenenphase

Bei der Geburt regelt das Gehirn Herzschlag, Atmung und Gleichgewichtssinn. Die Wärmeregulierung hat noch nicht eingesetzt. Der Welpe muss warmgehalten werden.

Jedoch benutzt er seinen Kopf als Wärmefühler und Tastorgan, er findet warme, weiche Stellen – die Zitzen der Mutter. Es wurden Infrarot-Rezeptoren in der Hundenase gefunden, die den blinden und tauben Welpen zur Mutter zurückfinden lassen.

Hat der Welpe Körperkontakt, ist sein lebenswichtiges Ziel erreicht, und er beruhigt sich. Der Körperkontakt spielt für jeden Hund zeitlebens eine wesentliche Rolle. Berührung durch die vertraute Person entspannt den Hund, wie Messungen von Herzschlag und Blutdruck beweisen.

Der Stoffwechsel wird durch das Lecken der Mutter angeregt. Nur dann kann sich der Welpe lösen. Deutlich zu erkennen ist die unterschiedliche Lebensenergie der Welpen: Die einen zunächst im Kreise pendelnden Welpen finden zielstrebig zur Zitze, manche scheinen hilflos, wenn sie sich auch nur ein kurzes Stück von der Mutter entfernen. Geruchs- und Geschmackssinn sind entwickelt. Der Welpe soll in dieser Zeit nur saugen, schlafen und wachsen. Mit etwa 14 Tagen öffnen sich die bis dahin verschlossenen Augen.

Diese scheinbar so passive Phase ist für die künftige Entwicklung des Welpen zu einem menschbezogenen Hund enorm wichtig. Deshalb sollte der Züchter schon unmittelbar nach der Geburt den Welpen mit menschlichem Geruch und Berührungen vertraut machen. Zärtliches, körpernahes Schmusen bezieht den Menschen in die Mutterrolle ein.

Schon die sechs Wochen alten Welpen zeigen bei ihrem ersten Ausflug in einen fremden Garten hirtenhundtypisches Verhalten: Unsicherheit im fremden Territorium und dichtes Beieinandersitzen. (Polski Owczarek Podhalanski-Welpen)

3. Woche – Übergangsphase

Nun kann der Welpe Körpertemperatur und Stoffwechsel regeln. Er macht selbstständig Bächlein und Häufchen. Die Entdeckung der Umwelt beginnt, er krabbelt durch die Wurfkiste und unternimmt erste Spielversuche mit den Geschwistern. Sehfähigkeit, Gehör und Geruchssinn entwickeln sich rapide.

Jetzt sollte man sich vermehrt mit den Welpen beschäftigen, sie streicheln, abtasten, mit ihnen sprechen und mit den alltäglichen Haushaltsgeräuschen vertraut machen.

4. bis 8. Woche – Prägungsphase

Dies sind zweifellos die aufregendsten und wichtigsten Wochen im Leben eines Hundes. Die Sinnesleistungen sind weitgehend entwickelt. Der Hund lernt den Umgang mit Artgenossen, soziale Verhaltensweisen und er erkundet zunehmend seine Umwelt.

Jetzt liegt es am Züchter, das Beste aus seinen Welpen zu machen, das von der Veranlagung her vorgegeben ist. Die Welpen brauchen Lebensraum, der unterschiedliche Eindrücke bietet, die dem Gehirn ständig neue Impulse vermitteln. Welpen müssen nun raus aus geschlossenen Räumen, sie müssen Gras unter den Pfoten spüren, Kies und Beton empfinden, Unbekanntes hören, riechen und sehen.

Sie brauchen Kontakt mit verschiedenen fremden Menschen, Männern, Frauen und Kindern. Dabei darf der Welpe nie überfordert und verängstigt werden. Auch unangenehme Erfahrungen prägen sich ein. Jedoch ist es vollkommen verkehrt, die Welpen vor allem zu bewahren, aus Angst, sie könnten einen Schrecken nie vergessen.

Wenn die Aufzucht bisher gut war und das Erbgut in Ordnung ist, dann muss ein gesunder Welpe mit gewissen Stresssituationen fertig werden, auch wenn er sich mal heftig erschrickt. Provozieren sollte man solche Situationen jedoch nicht.

Die Welpen üben fortwährend hündische Verhaltensweisen, sie zeigen Ansätze von Sexualverhalten, sie unterwerfen einander, gehen auf die Jagd, verteidigen Futter und Liegeplätze, apportieren Knochen und Spielsachen. Die Rollen wechseln ständig, doch der erfahrene Züchter erkennt durch intensive Beobachtung, welcher Welpe im Wurf der dominante ist, welcher der klügste und geschickteste, und welcher eher zurückhaltend oder sensibel ist.

9. bis 12. Woche – Sozialisierungsphase

In der Regel sind dies die ersten Wochen im neuen Heim des Welpen. Er hat Mutter und Geschwister verloren und beginnt, sich ganz seinem neuen Rudel – seiner neuen Familie – anzuschließen. Nun fängt für ihn auch schon der Ernst des Lebens an – er wird erzogen. Das ist für den Welpen keine Belastung, sondern normal, denn auch in seiner Familie belassen, würden die Althunde den Kleinen erziehen und ihm seine Grenzen in der Rangordnung zeigen.

▶ Früh- und Spätentwickler

Die Übergänge zwischen den Entwicklungsphasen sind stets fließend, manche Rassen sind Früh-, manche Spätentwickler. Bei Welpentests und Prägung müssen diese Eigenheiten berücksichtigt werden. Nie den Welpen an Neues heranzwingen, sondern ihn seiner Entwicklung entsprechend an die Dinge herangehen lassen. Welpen brauchen viele Stunden Schlaf und dürfen niemals durch zu viele „Sozialisierungsmaßnahmen" überfordert werden.

Vorbildlicher Prägungsspielgarten. Diese sechs Wochen alten Australian-Shepherd-Welpen sollen einmal im Hundesport aktiv werden und lernen vielfältige Geräte spielerisch kennen. Wichtig ist, dass die Welpen die Geräte aus eigenem Ermessen und ungezwungen entsprechend ihrer motorischen Entwicklung erkunden.

Konsequenz – das Wichtigste im Umgang mit dem Hund

Es ist eine schwere Zeit für den Besitzer, denn junge Hunde sind so hinreißend charmant und niedlich, dass man gar nicht anders kann, als sie zu verwöhnen. Je nach Charakter und Rasse kann Inkonsequenz und Nachgiebigkeit in diesem zarten Alter schon der Weg in die Katastrophe sein.

Der Welpe testet zielstrebig aus, wie weit er gehen kann. Hat er seine Menschen erst einmal um den Finger gewickelt, dann lässt er sich im späteren Flegelalter diese Privilegien nicht widerspruchslos nehmen. An diesem Punkt scheitern viele Mensch-Hund-Beziehungen für immer. Deshalb setzt die Erziehung des Welpen schon in den ersten Tagen und Wochen im neuen Heim ein. Das bedeutet jedoch kein Gehorsamsdrill, im Gegenteil. Auf freundliche Weise aber bestimmt zeigt man dem Welpen, dass gewisse Regeln einzuhalten sind. Basta!

Noch ist alles so einfach, der Welpe ist lieb und hält sich instinktiv stets in der Nähe des Rudels auf. Doch mit der Zeit wird er unabhängiger, entfernt sich bei Spaziergängen weiter und möchte selbstständig die Welt erkunden. Da er noch nicht gelernt hat, auf den Rückruf „Hier" zu kommen, bleiben unangenehme Erlebnisse nicht aus. Gleichzeitig setzt bei vielen etwa vier Monate alten Welpen die Zerstörungswut ein, weil die Milchzähne ausfallen und die bleibenden Zähne nun durchbrechen. Anstelle von Hausrat braucht er ungefährliche Dinge zum Kauen

Selbstsicher schreitet der Welpe über die schwankenden Bretter der Hängebrücke. Dies erfordert Geschick und trainiert die Körperbeherrschung.

wie Ochsenziemer, große nicht splitternde unbehandelte Holzstücke oder Knochen usw. Kein Plastik! Abgebissene, kleine Stücke sollten sofort weggenommen werden.

In der 3. bis 13. Woche üben sich die Welpen in Rangordnungsspielen, entsprechend ihrer angeborenen Persönlichkeit kann der Züchter ausgleichend prägen. In der 13. bis 16. Woche wird aus dem Spiel handfester Streit. Die Welpen legen jetzt dominantere oder unterwürfigere Verhaltenstendenzen für das weitere Leben fest. Eine anstrengende, aber schöne Zeit!

Kleinkind und Welpen werden im Schutz der Mutter miteinander vertraut gemacht. Die Hündin duldet das vertrauensvoll.

6 Monate bis 1 Jahr

Halbjährige Welpen besitzen etwa den Entwicklungsstand eines fünf- bis sechsjährigen Kindes. Anders als das Kind hat der Hund beinahe seine Erwachsenengröße (Hundezwerge eher als Hunderiesen) erreicht. Alle Sinne sind längst entwickelt, bei Hündinnen tritt die erste Läufigkeit ein.

In freier Wildbahn wäre die Erziehung praktisch abgeschlossen und der Junghund in der Lage, als vollwertiges Rudelmitglied zu jagen. Haushunde bleiben ihr Leben lang kindlicher als der Wolf und reifen später aus. Obwohl der junge Hund voller Temperament sprüht, schier unermüdlich scheint, sich nur kurze Zeit auf gestellte Aufgaben konzentrieren kann, ist sein Gehirn in dieser Zeit besonders aufnahmefähig.

Der Hund soll so viel wie möglich lernen, jedoch nie in den Übungen ermüden und die Lust verlieren. Spiel, Bewegung –, bei schweren Rassen kontrolliert –, Beschäftigung und Ruhephasen braucht der Hund täglich.

Ein bis zwei Jahre

Jetzt befindet sich der Hund im Teenageralter. Er ist längst nicht mehr ganz so anstrengend wie der Junghund, doch benötigt er nach wie vor Erziehungsübungen, Spiel, Bewegung und Beschäftigung.

Der Hund hat seinen Platz im Rudel eingenommen. Hat der Besitzer nicht aufgepasst, können nun Krisensituationen auftreten, wenn der Hund glaubt, seinen Rang in der Familie behaupten zu müssen. Langhaarige Hunde z. B. fangen bei aufwändiger Fellpflege plötzlich an zu knurren, wenn sie keine Lust mehr haben, andere lassen sich nicht mehr vom Sofa schicken.

Was bisher wie jugendliche Rangeleien aussah, wirkt plötzlich bedrohlich. Viele Menschen haben Angst vor den eigenen Hunden, ohne es zu wissen. Sie vermeiden instinktiv Konfliktsituationen und überlassen dem Hund kampflos das Feld. Irgendwann aber machen sie in den Augen des Hundes einen Fehler – und dann schnappt er zu. Mehr oder weniger heftig. Meist werden solche Hunde abgegeben, und manche zeigen diese Unart bei einem neuen Besitzer, der keine Zweifel am untergeordneten Rang aufkommen lässt, niemals. Deshalb muss die Beziehung zwischen Mensch und Hund schon vor diesem Stadium geklärt sein. Frühzeitiges Erkennen erster Versuche dominanter Verhaltensweisen ist wichtig.

Mag ein Hund auch noch so klein sein, tägliche Gehorsamsübungen sind unerlässlich!

Hunde lieben Beutespiele mit viel Action. Schwimmen ist gesund! Seitlich gefasst, bietet der Hund den Stock zum Weiterspielen an.

Zwei Jahre bis ins Alter

Das Leben des Hundes verläuft nun in geordneten Bahnen, sofern er eine gute Erziehung genossen hat. Er ist in der Blüte seines Lebens, voll ausgewachsen und entwickelt. Lebenserwartung und Alterungsprozess hängen weitgehend von der Rasse und der familiären Veranlagung ab. Aber auch die Haltung spielt eine große Rolle. So bleiben Hunde bis ins hohe Alter jugendlich frisch, die gesund ernährt und bewegt wurden und die stressfrei einige Stunden am Tag schlafen konnten.

Ganz wichtig aber ist, dass sie ein Leben lang beschäftigt werden und kleine Aufgaben erfüllen dürfen. Nichts lässt einen Hund schneller altern, als tatenlos herumzuliegen. Alle Gehorsamsübungen und kleine Tricks weiterzuüben, halten den Hund jung. Auch wenn es etwas länger dauern mag, ist ein Hund sein Leben lang lernfähig und liebt die gemeinsamen Unternehmungen mit seinem Menschen über alles.

Je größer die Rasse, desto geringer die Lebenserwartung. Ein Hunderiese gilt mit acht bis neun Jahren schon als alt und „verbraucht", während ein kleiner Pudel oder Terrier bis weit über das zehnte Jahr hinaus topfit sein kann.

Beobachten Sie Ihren Hund, nehmen Sie nicht einfach hin, dass er plötzlich merklich abbaut. Oft verbirgt sich dahinter eine Krankheit! Wie z. B. bei nicht kastrierten Hündinnen eine Pyometra. Regelmäßige Gesundheitskontrollen beim Tierarzt schützen vor Überraschungen. Blut- und Urinanalysen weisen auf organische Probleme hin. Sorgfältiges Abtasten spürt kleine Tumoren auf. Mehr trinken deutet auf Nierenprobleme hin usw.

Wer das große Glück hatte, einen Hund ein erfülltes, langes Hundeleben lang begleiten zu dürfen, der hat auch die Verantwortung, ihm den letzten Dienst zu erweisen und ihn, ohne langes Leiden, sterben zu lassen. Je älter der Hund, desto verständiger wird er, desto menschlicher erscheint er uns – und umso schwerer wird die Trennung.

Hunde ertragen Schmerzen still, und oft erfahren wir nur durch Zufall, dass der Hund leidet. Wenn keine Aussicht auf Linderung besteht, muss der letzte Weg zum Tierarzt gegangen werden. Gehen Sie ihn selbst mit Ihrem Hund und schieben Sie diese letzte Pflicht nicht an Menschen ab, die keine Beziehung zu Ihrem Hund haben, denn der Hund soll in seinem Vertrauen, dass er Ihnen sein Leben lang geschenkt hat, nicht auf seinem letzten Weg enttäuscht werden.

Die junge Schäferhündin soll Jagdtaktiken lernen. Der Pyrenäenberghund spielt Beutetier, eine Hündin hetzt die „Beute" von hinten, die andere attackiert von der Seite. Für die kleine Schäferhündin ist alles noch Spiel.

Wäller-Welpe

Was Welpentests aussagen

Verhaltensforscher, Hundezüchter und Ausbilder entwickelten ursprünglich Welpentests, um die Auslese von Welpen für die Ausbildung zu Blindenführhunden zu erleichtern. Doch der Test gibt auch dem Züchter angehender Familienhunde wichtige Anhaltspunkte für die Auswahl späterer Zuchttiere und hilft ihm, die richtige Welpenpersönlichkeit für den richtigen Menschen auszusuchen.

Welpentest nach Jan Nijboer

Das Verhalten der Welpen ca. 24 Stunden nach der Geburt gibt Aufschluss über angeborene Persönlichkeitstendenzen. Beurteilt werden die Bewegung, die Geräuschproduktion, der Saugreflex und die Schmerzempfindlichkeit. Dieser Biotonus-Test, der vom Tester Erfahrung voraussetzt, zeigt dem Züchter, wie seine weitere Prägungsarbeit verlaufen sollte.

Der nächste Test von sechs bis sieben Wochen alten Welpen vermittelt ein ziemlich klares Bild von der Persönlichkeit des Welpen. Damit bekommt der neue Besitzer einen Leitfaden, wie weiter mit dem Welpen umzugehen ist. In der folgenden Sozialisierungsphase zwischen der achten und zwölften Woche, die der Welpe im Normalfall schon in seiner neuen Familie verbringt, kann die Arbeit des Züchters fortgesetzt, Versäumtes

▶ Ein guter Start

Solch ein Test vermittelt zwar wertvolle Hinweise, ist aber kein Gütesiegel, das man einem Welpen aufprägt und wonach er sich nun künftig dementsprechend weiterentwickelt.
Es liegt am Züchter, in enger Zusammenarbeit mit dem Besitzer, das Beste aus dem Welpen zu machen, das seine Erbanlagen hergeben.

nachgeholt und falsch Angelerntes korrigiert werden.

Selbst mit der 16. Woche hört diese Phase des Lernens nicht auf. Sein ganzes Leben lang lernt ein Hund, gewöhnt sich etwas an oder ab. Es dauert nur erheblich länger und kostet viel mehr Zeit und Geduld, als wenn man mit dem Welpen schon den richtigen Weg einschlug.

Bewegungen (resignierend, energisch, zielstrebig) und Töne (klagendes Schreien, hilfloses Wimmern, lauter Protest) sind Hinweise auf die unterschiedlichen Temperamente.

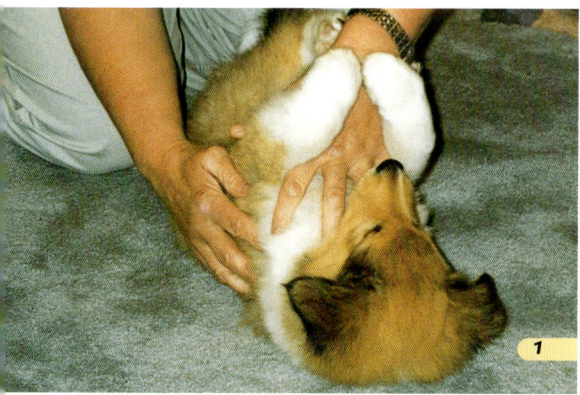

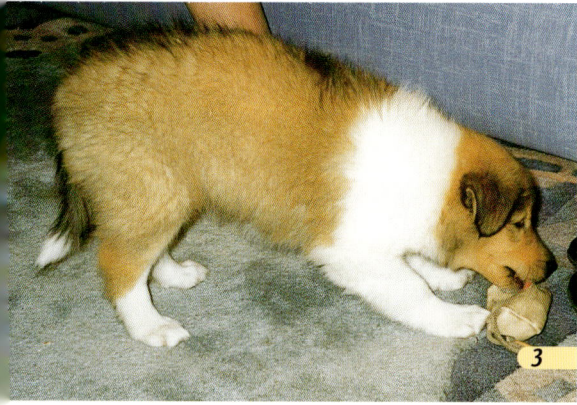

Ausschnitte aus einem Nijboer-Sechswochentest

Die Testperson, der Raum und die Gegenstände sind dem Welpen fremd. Es ist keine Bezugsperson anwesend. Soziale Orientierung, Entdeckungsverhalten, Assoziierungsvermögen, Temperament, Schreckreflex, Selbstschutzinstinkt, Schmerzempfindlichkeit werden beurteilt und ergeben ein Gesamtbild zur Persönlichkeit des Hundes.

1. *Der Welpe protestiert nicht, kann sich aber nicht entspannen.*
2. *Unbefangen schaut er die Testperson an und wird dem Blick sogleich ausweichen.*
3. *Neugierig geht er auf das Spiel ein und greift den Futterbeutel auf.*
4. *Ein unbekanntes Objekt – unbefangen geht der Kleine heran.*
5. *Futter unter dem Becher – wie löst er das Problem, um es zu bekommen?*
6. *Gutes Selbstschutzverhalten – dieser Welpe erkundet die Lage.*

Jan Nijboer hat den Biotonustest nach Eberhard Trumler weiter entwickelt, mit dem Zweck, zukünftige Servicehunde zu selektieren. Sein Sechswochentest ist von Campell und Pfaffenberger abgeleitet, wobei andere Testelemente wie z. B. Selbstschutzverhalten, Assoziierungsvermögen und Explorationsverhalten eingebaut worden sind. Jan Nijboer setzt sich für eine recht frühe Zuchtselektion anhand einer verhaltensgenetischen Ahnentafel ein.

Welpentest nach Jan de Witt

Der Test legt das für einen Familienhund erwünschte Verhalten zugrunde. Er wird am besten im Alter von sechs bis sieben Wochen beim Züchter durch eine dem Welpen unbekannte Person und an einem dem Welpen unbekannten Testort, der frei von störenden Einflüssen ist, durchgeführt. Bekannte Personen sind nicht im Raum. Um eine klare Diagnose zu stellen, sollte man den Test nicht mehrmals vornehmen. Lernverhalten und Gewöhnung verfälschen das Bild.

Der Test wurde von Jan de Witt, einem Bearded-Collie-Züchter, unter Zugrundelegung eigener Forschungsarbeiten sowie der Tests von Campell/Frijlink und Pfaffenberger entwickelt. Teil 6 und 7 sind von Pfaffenberger (1976). Man kann diese Testteile durch Geräusch- und Schreckeffekte erweitern.

Testverlauf

1. Kommen

Testen des Annäherungsverhaltens als ein Teil der Prägung. Tester lockt Welpen an.

④ kommt direkt, springt hoch, knabbert, leckt
③ kommt direkt, gibt Pfote
② kommt geradewegs, aber gleichgültig, gelassen
① kommt nicht direkt, erkundet die Umgebung
⓪ kommt nicht, kriecht weg, erstarrt

2. Zwangshaltung

Testen der Unterwürfigkeit als Teil der Sozialisierung.
Der Welpe wird mit einer Hand über der Brust auf dem Rücken liegend an der Bewegung gehindert und festgehalten.

④ kein Widerstand, entspannt, leckt evtl.
③ wehrt sich etwas, ruhig, entspannt
② wehrt sich anhaltend, strampelt, angespannt
① wehrt sich anhaltend, knurrt, beißt
⓪ erstarrt, klemmt die Rute zwischen die Beine

3. Nachlaufen

Teil der Prägung.
Tester läuft vor dem Welpen her, Lockrufe sind erlaubt.

④ folgt sofort, springt, knabbert, leckt
③ folgt sofort, fröhlich wedelnd
② folgt zögernd, gleichgültig, gelassen
① folgt nicht, erkundet selbst die Umgebung
⓪ folgt nicht, kriecht weg, erstarrt

4. Streicheln

„Vereinnahmen" als Teil der Prägung. Sitzender oder stehender Welpe wird über den Kopf und Körper gestreichelt.

④ springt auf, knabbert, leckt, spielt
③ gibt Pfote, positiv aktiv
② übergeht es gleichgültig, gelassen
① passiv oder entzieht sich, knurrt oder beißt
⓪ erstarrt

5. Hochheben

Testen einer Zwangshaltung als Teil der Sozialisierung.
Der Welpe wird mit beiden Händen unter dem Bauch etwas hochgehoben und angestarrt.

④ kein Widerstand, entspannt, leckt evtl.
③ wehrt sich etwas, ruhig, entspannt
② wehrt sich anhaltend, strampelt, gespannt
① wehrt sich anhaltend, knurrt, beißt
⓪ erstarrt

6. Kneifen

Test der physischen Härte (Korrekturschwelle und Erziehungsmöglichkeit).
In Flankennähe wird der Welpe ins Fell gekniffen.

④ reagiert deutlich unterworfen, entspannt
③ reagiert nicht deutlich unterworfen
② übergeht es gelassen, reagiert kaum
① reagiert überhaupt nicht, knurrt, beißt
⓪ schreit furchtbar oder erstarrt

7. Apportieren

Testen der Arbeitsbereitschaft (Training).
Ein Ball wird für den Welpen sichtbar weggerollt.

④ läuft nach, nimmt ihn (apportiert)
③ läuft hinterher
② reagiert zögernd, gleichgültig
① reagiert gar nicht, sieht aber den Ball
⓪ erstarrt

Testauswertung

Die Testteile müssen gesondert gewertet werden. Das Ergebnis ist mehr als die Summe der einzelnen Testergebnisse. Es ist daher nicht sinnvoll, einen Welpen mit der Gesamtpunktzahl zu charakterisieren. Aber es ist möglich, folgende Gruppen zu bewerten:

1, 3 und 4 sind der Prägetest, 2 und 5 sind der Sozialisierungstest, 6 und 7 müssen gesondert gewertet werden, weil beide mehr über die genetisch bestimmten Anlagen bzw. über Härte/Empfindsamkeit und vorhandene/keine Arbeitsbereitschaft aussagen. Das Apportieren kann schon in sehr frühem Alter erlernt werden.

Spielerisches Knabbern darf nicht als aggressives Beißen ausgelegt werden; Beißen und Knurren sind jedoch aggressiv-dominant. Die einzelnen Teststufen sollten mindestens 30 Sekunden dauern.

Ergebnis anhand der durchschnittlichen Punktzahl

④ = gut geprägter und sozialisierter Welpe. Er ist begeistert und weiß, was unterwürfig ist.

③ = geprägter und recht gut sozialisierter Welpe, bei etwas Nachdruck zeigt er Unterwürfigkeit.

② = mäßig sozialisierter Welpe, er reagiert ziemlich gleichgültig, hat wenig Kontakt, kann sich dominant entwickeln, wenn die richtige Erziehung fehlt.

① = dominanter Welpe, der immer selbst die Regeln bestimmt, schlecht sozialisiert.

⓪ = ängstlicher Welpe, wahrscheinlich nicht auf Menschen geprägt, schlecht sozialisiert.

Der passende Welpe

Unterwürfig darf nicht mit ängstlich verwechselt werden. Unterwürfigkeit einer überlegenen Person gegenüber ist ein ganz normales Verhalten.

Auch wenn manchem Welpenkäufer ein dominanter Welpe imponieren mag, so muss er doch gut abwägen, ob er wirklich einen Hund in seiner Familie gebrauchen kann, mit dessen Verhalten er sich entsprechend auseinander setzen muss, um einen angenehmen Familienhund zu bekommen. Hierzu gehört viel Sachverstand in Hundeverhalten und Erziehung.

Wer bisher keine Erfahrung mit Hunden hatte, sollte sich nicht überschätzen. Auch werden zum Beispiel Familien mit Kleinkindern besser mit einem Welpen der Kategorie 4 oder 3 fahren!

Bearded Collie und Whippet

Die Vielfalt der Hunde

Es ist erstaunlich, welche Wunder die Natur in Züchterhand vollbringt – vom großen, eleganten, schlanken Windhund über die stämmige, kurznasige Bulldogge, den ruppigen Terrier, kurzbeinigen, fellbehangenen Shih Tzu bis hin zum winzigen Chihuahua. Kein anderes Tier kommt in so unterschiedlichen Haar-, Farb- und Gebäudeformen vor.

Voraussetzung für diese Entwicklung ist die Vielfalt der Erbanlagen beim Ahnherr Wolf. Vom riesigen Timberwolf Kanadas bis hin zum fast fuchskleinen Rotwolf Indiens, vom schneeweißen arktischen Wolf über den schwarzen Timber- und den agoutifarbenen europäischen Wolf hin zum sandfarbenen Wüstenwolf bietet die Urform schon eine erstaunliche Variabilität. Durch die Auslese des Menschen sind im Laufe der Jahrtausende Hunderte von Hunderassen entstanden, die manchmal kaum, manchmal jedoch so weit voneinander abweichen, dass man eine Verwandtschaft bezweifeln möchte.

Zunächst fand die Auslese nur nach Leistungsmerkmalen und Anpassungsfähigkeit an die Umwelt statt. Erst später, als der Mensch das Überleben von Hundeformen sicherte, die – sich selbst überlassen – zugrundegegangen wären, bildeten sich extreme Formen heraus.

Zucht ins Extreme

In vielen Fällen dürften Aussehen und Leistung erblich gekoppelt sein – so finden wir bei den mitteleuropäischen Jagdhunden Hängeohren, und je besser der Spürsinn entwickelt ist, umso länger sind die Ohren und lockerer die Haut.

Die kurze Nase der englischen Bulldogge sollte dem Hund beim festen Zugriff in die Bullenschnauze das Atmen ermöglichen, es handelt sich jedoch um die unnatürlichste

Der englische Bulldog-Welpe verkörpert das „Kindchenschema" mit rundem Kopf und großen Kulleraugen.

züchterische Veränderung im Bereich der Anatomie. Abgesehen vom Zweck beim Bullenbeißen verkörpert sie bei den kleinen Rassen das so genannte „Kindchenschema" mit rundem Kopf und großen, nach vorn gerichteten Augen, das uns Menschen instinktiv anspricht. Rundschädelige Hunde mit verkürztem Nasenbein und vorstehendem Unterkiefer haben meist Atembeschwerden, sie „schnarchen", leiden besonders unter Wärme, die oft vorstehenden, großen, runden Augen sind verletzungsgefährdet, und Mütter dieser Rassen können ihre Welpen nicht selbst abnabeln. Meist ist der Beckenausgang zu schmal für die relativ dicken Welpenköpfe, so dass Kaiserschnittgeburten häufig sind.

Die als Erbsprung (Mutation) beim Hund nicht ungewöhnliche Kurzbeinigkeit wurde bei den Dachshunden und niederläufigen

Terriern ebenso wie bei den Bassets gerne züchterisch aufgegriffen, weil die Hunde nun in Dachs- und Fuchsbaue einschliefen konnten und im dichten Unterholz besser vorankamen. Aber auch bei den Hütehunden kennen wir solche „Ausfälle". So sind der Corgi und der Lancashire Heeler Abweichungen normalwüchsiger Hüte- und Treibhunde. Sie waren zum Wildern unfähig und wurden deshalb von den adligen Jagdherren bei deren Pachtbauern lieber gesehen als die Normalform.

Ruten- und Ohrformen

Auch die verschiedenen Rutenformen sind auf anatomische Veränderung zurückzuführen, denn die Rute ist die Fortsetzung der Wirbelsäule. Ursprünglich lang, ziemlich gerade und beweglich, degenerierte sie beim Haushund über extrem auf dem Rücken geringelt bis hin zur so genannten „Korkenzieherrute", einem verkrüppelten Endstück der Wirbelsäule, wie sie für die Bulldogge durchaus rassetypisch ist.

Häufig werden Hunde mit verkrüppelten und/oder verkürzten Ruten geboren, manchmal sogar nur mit kurzem Stummel. Obwohl bei vielen Rassen Stummelruten erwünscht sind, darf man angeborene Stummelruten nicht als besonderen Vorzug betrachten. Züchtet man gezielt darauf, muss man mit Verstümmelungen der gesamten Hintergliedmaßen rechnen.

Vielfältig sind ebenfalls die Ohrformen von großen, beweglichen Schallfängern bis hin zu langen, das Ohr fast verschließenden Hängeohren.

Glücklicherweise ist das Abschneiden der Ohren und Ruten in Deutschland verboten. Unverständlicherweise finden aber immer noch Menschen, die sich durchaus als Tierfreunde verstanden wissen wollen, Möglichkeiten, die Gesetze zu umgehen und ihre Hunde grausam zu verstümmeln.

Die Größe des Haushundes reicht von ca. 20 cm bis hin zu etwa 1 m Schulterhöhe. Einmal gibt es mehr oder weniger lange Beine bei gleichem Körpervolumen, andererseits insgesamt kleine zierliche und große starke Tiere. Hunderiesen sind heute nur noch Begleithunde. Sie sind anspruchsvoll in Aufzucht und Haltung. Ihre Lebenserwartung ist meist gering.

Ein mittelgroßer „Normalhund" eignet sich für alle möglichen Aufgaben, die Kurzbeinigen sind befähigt zu speziellen Aufgaben, und die Zwerge dienen der persönlichen Erbauung ihrer Menschen.

Verändert hat sich im Laufe der Domestikation auch die Wurfstärke. Das Gewicht aller geborenen Welpen eines Wurfes entspricht bei allen Rassen ca. 12 % des Muttergewichts, jedoch haben kleinere Rassen durchschnittlich weniger, aber größere Welpen und große Rassen durchschnittlich mehr und kleinere Welpen.

Der Collie – ein britischer Hütehund.

Stehohren, Stockhaar mit viel Unterwolle und schützendem Deckhaar und Ringelrute sind typische Spitzmerkmale wie bei diesen Shiba Inus aus Japan.

Von Stockhaar bis Glatthaar

Die „Normalform" oder „Wildform" des Hundefells ist das so genannte **Stockhaar**: kurze, pelzige, dichte Unterwolle wird wie durch einen Mantel von längeren, glatten, straffen Grannenhaaren geschützt. Wie von einer Haube fließt das Regenwasser ab, die Unterwolle bleibt warm und trocken. Das Luftpolster unter dem Deckhaar isoliert gegen Kälte und Hitze. Ein typisches Beispiel sind die Schlittenhunde, die sich zusammengerollt, die empfindliche Nase unter den Schwanz gesteckt, völlig einschneien lassen, ohne Schaden zu nehmen.

Das **Zotthaar** bietet Schutz besonderer Art – nämlich in der offenen Steppe, wo der Wind selbst das straffste Stockhaar auseinander bläst und die Haut freilegt. Wie bei Puli und Komondor am deutlichsten ausgeprägt, verdreht sich das in sich spindelförmig dickere und dünnere Grannenhaar mit der Unterwolle und verfilzt zu dichten Platten oder langen Zotten. Für die Steppenbewohner lebenswichtiger Schutz vor Sandstürmen, brennender Sonne und eiskalten Nächten. Das Haarfett schützt zudem vor Nässe.

Eine robuste Fellform ist das **Rauhaar**. Es schützt den Hund nicht nur vor Wind und Wetter, sondern auch bei der Arbeit in Dornengestrüpp vor schmerzhaften Verletzungen. Schmutz bleibt nicht haften und es verfilzt nicht.

Einmalig ist die Tüpfelzeichnung des Dalmatiners. Sein Fell ist kurz und glatt.

▶ Fellwechsel

Im Normalfall wechseln Hunde zweimal im Jahr, in der Regel im Herbst und im Frühling das Fell. Hündinnen tun es hormonbedingt nach dem Absäugen von Welpen. Das Deckhaar fällt aus, und die Unterwolle löst sich in dicken Flocken.

Nur bei Pudel, Bedlington und Kerry Blue Terrier gibt es ein unendliches Wachstum. Das Fell wird daher geschoren oder mit der Schere in Form geschnitten. Das hat für viele Hundehalter den großen Vorteil, von herumfliegenden Haaren verschont zu bleiben. Dieses feine, lockige Haar muss jedoch sorgfältig gepflegt werden.

Einige Rassen besitzen ein eng **gelocktes, derbes Fell**, ähnlich dem junger Lämmer. Die Locken umschließen Luft und bieten dadurch hervorragenden Witterungs- und Kälteschutz. Man findet es besonders bei Hunden, die viel in eiskaltem Wasser arbeiten müssen.

Langhaar bietet Witterungsschutz nur dann, wenn Deckhaar und Unterwolle wie beim Stockhaar einen schützenden Mantel bilden. Extrem langes, üppiges oder seidiges Langhaar und fehlende Unterwolle hingegen sind reiner Luxus. Je länger, feiner oder wolliger das Haar, umso aufwändiger die Pflege und umso armseliger die Kreatur, wenn die Pflege durch den Besitzer vernachlässigt wird. In den Verfilzungen ungepflegter Hunde können sich Maden festsetzen, die sich bis in die Haut durchfressen; Flöhe und Läuse vermehren sich ungestört und übertragen Krankheiten und Parasiten.

Das kurze **Glatthaar** ist natürlich pflegeleicht, aber es bietet wenig Schutz vor Sonne, Kälte und Nässe. Diesen Anforderungen muss man als Hundehalter Rechnung tragen.

Vielfalt der Farben

Die Farbenvielfalt ist schier unbeschreiblich. Es gibt alle erdenklichen Farben und Farbkombinationen. Voraussetzung für die Ausbildung der unterschiedlichen Nuancen ist die ursprüngliche Wildfärbung, nach dem Tier Agouti benannt. Die Farbstoffe gelb und schwarz sind ringelförmig im Haar angeordnet. Je nach Anordnung der Farbstoffe (Pigmente) im einzelnen Haar entstehen die unterschiedlichsten Kombinationen von einfarbig schwarz, über gestromt, getüpfelt, gesprenkelt, gescheckt bis hin zu rein weiß. Wie die Pigmente verteilt werden, hängt von den Erbanlagen des Hundes ab.

Die Farbe des Welpenfells entspricht selten der Farbe des erwachsenen Hundes. Es gibt zahlreiche Kuriositäten: So werden z. B. Dalmatiner und Australian Cattle Dogs weiß und der silbergraue Weimaraner gestromt geboren. Oft lässt sich die spätere Fellfarbe des fast schwarzen Welpen, wie beim Deutschen Schäferhund, kaum erahnen.

Farbverdünnung und Merlefaktor

Bei Bedlington, Kerry Blue Terrier, Yorkshire Terrier und Old English Sheepdog kann der Züchter nur hoffen, dass aufgrund des Vergrauungsfaktors aus schwarz einmal ein leuchtendes Silbergrau wird. Sprenkelungsfaktoren (Merle, Harlekin) im Erbgut machen aus einem schwarzen Fell ein graublau-schwarz-marmoriertes (Deutsche Dogge, Australian Shepherd, Dunker, Collie). Durch Verdünnungsfaktoren wird schwarzes Haar zu einheitlich blaugrauem Fell, aus braun wird isabellfarben – beides beim Dobermann unerwünscht, jedoch beim Bearded Collie beliebte Farbvarianten.

Allerdings sollten Hunde, die die Farbverdünnung oder den Merlefaktor tragen, nicht miteinander verpaart werden. Denn verdoppelt man diese Erbfaktoren (beide Eltern sind Genträger), werden Hör- und Sehvermögen und andere Körperfunktionen schon in der embryonalen Entwicklung gestört. Aber auch die einfache Verdünnungs- oder Sprenkelungsform (der Hund hat die Farbverdünnung von einem Elternteil geerbt) kann Nachteile bringen, wie z. B. fast kahle Haut bei so genannten „blauen" Dobermännern.

Bei manchen Rassen kann eine extreme Zucht auf Weiß mit Schäden einhergehen, wie z. B. Taubheit bei weißen Bull Terriern. Die Farbzucht ist nicht ganz einfach. Nicht nur, um erwünschte Nuancen zu bekommen, sondern auch um das Wohlbefinden des Hundes nicht zu beeinträchtigen.

Typisch für alle Haustiere sind weiße Abzeichen, die bei der Wildform sehr selten und wenn, nur ganz geringfügig, auftreten, z. B. Blessen, Halskrausen, weiße Pfoten und Rutenspitzen (Collie, Berner Sennenhund). Extreme Weißzeichnung, so genannte Schecken, haben wegen ihres auffälligen Aussehens in der Wildnis keine Überlebenschance. Im Falle des Fox Terriers oder vieler Laufhundrassen hat die Weißscheckung den Vorteil, dass man den Hund auch in schlechtem Licht deutlich in der Entfernung erkennt und nicht mit dem gejagten Wild verwechselt.

Außer bei braunen, leberfarbenen und blauen Hunden, die keine schwarzen Farbpigmente haben können, sind eine tiefschwarze Nase, schwarzes Lippenpigment und schwarze Lidränder erwünscht.

Deutsche Dogge (Harlekin)

Bearded Collies in einer Palette zauberhafter Pastelltöne. Als Welpen schwarz, braun, blau oder fawn geboren verändert sich die Farbe bis ins späte Alter.

Hunde der Welt

Teckel

Jagdhunde

Der Begriff Jagdhunde umfasst alle Hunde, die im weitesten Sinne dem Menschen bei der Jagd behilflich sind.
Die Entwicklung der Jagdhunde geht Hand in Hand mit der der Jagdmethoden und Waffen. Jagdhundrassen befinden sich deshalb ständig im Wandel der Zeit, lösen einander ab und entwickeln sich weiter. Die Geschichte der Jagdhunde ist ein Stück Kulturgeschichte des Menschen.

Laufhunde (Bracken)

Sie jagen in Meuten oder einzeln mit dem Jäger. Die Jagd mit großen Meuten zu Pferde, die Parforce-Jagd, erlebte im feudalen Frankreich ihre Blütezeit. Gejagt wurden Hirsche und Wildschweine, selten Damwild oder Fuchs. In Deutschland ist das Hetzen von Wild verboten. So genannte Schleppjagden auf künstlicher Fährte (= Schleppe) sind ein reiterliches Vergnügen.

Neben den Meutehunden gehören die Bracken zu den Laufhunden. Bei der Brackenjagd verfolgen ein oder zwei Hunde Hasen (seltener Füchse). Da der Hund langsamer ist als der Hase, hetzt er ihn nicht, sondern folgt seiner Spur mit lautem Gebell (Geläut) und treibt ihn so vor sich her. Der Hase hat die Angewohnheit, zu seinem Ausgangspunkt zurückzukehren, wo der Jäger auf ihn wartet. In Deutschland ist die Brackenjagd nur in über 1.000 Hektar großen Revieren erlaubt.

Eine Sonderstellung unter den Bracken nehmen die mediterranen Laufhunde ein, schlanke, fast windhundartige Geschöpfe mit großen Stehohren, die schon im alten Ägypten beliebt waren. Die Nasen- und Augenjäger konnten sich vor allem auf der Iberischen Halbinsel, den Mittelmeerinseln und Kanaren erhalten.

Laufhunde sind edle, freundliche Hunde. Als Haus- und Familienhunde sind sie jedoch wegen ihrer meist zügellosen Jagdleidenschaft nicht zu empfehlen. Ihrer hervorragenden Nase entgeht nicht die geringste Spur, die sofort den Hetztrieb auslöst. Aller Gehorsam ist vergessen; es bleibt dem Hundebesitzer nur, fasziniert und besorgt zugleich dem herrlichen Geläut seines Hundes zu lauschen und zu hoffen, dass er unversehrt zurückkommt.

Nur der **Beagle** ist ein beliebter Familienhund, aber auch er erinnert sich stets gerne seines Laufhunderbes!

Eine kleine Bracke ist der **Teckel** (Dackel), der jedoch seinen ursprünglichen Aufgabenbereich verlassen hat und in erster Linie für die Arbeit unter der Erde gedacht ist, doch er ist nach wie vor auch ein guter Schweißhund. Der Teckel ist einer der wenigen Jagdhunde, der sich eine Vorrangstellung als Familienhund schuf.

Schweißhunde

Vor der Jagd mit der Meute suchten Spürhunde das Wild, um die Laufhunde auf die richtige Fährte anzusetzen. Aus diesen Spürhunden gingen die „Nasenspezialisten" hervor, deren Aufgabe es ist, angeschossenes oder angefahrenes, verletztes Wild (in der Jägersprache auch schweißendes = blutendes Wild genannt) aufzuspüren. Sie jagen unter Kontrolle des Jägers und sind führiger als die selbstständig jagenden Laufhunde.

Deutsche Bracke

Alter Jagd-
hundtyp,
Spezialist für
die Hasenjagd.
Anhänglich
und leicht-
führig.

Bayerischer Gebirgsschweißhund
Spezialist für die Nachsuche von verletztem Wild
nicht nur im Hochgebirge.

Beagle

Uralte eng-
lische Rasse,
beliebter
Meutehund
für die Hasen-
jagd zu Fuß.
Lebhaft und
freundlich in
der Familie.

Basset Hound
Er stammt von französischen Bassets und dem Bluthund ab.
Sehr eigenwilliger Hund, der selten jagdlich geführt wird.

Foxhound

Englischer
Meutehund
für die Fuchs-
jagd zu Pferde,
die inzwischen
auch in Eng-
land verboten
wurde.

Bluthund
Eine sehr seltene alte Rasse mit herausragender Nasen-
leistung.

Stöberhunde

Ursprünglich Hunde, die Vögel aufscheuchten, die der Jagdfalke schlagen konnte. Später trieben sie die Vögel in große Netze. Diese meist langhaarigen und spanielartigen Hunde gelten als Vorfahren der langhaarigen Vorstehhunde.

In Großbritannien, dem Land der Jagdspezialisten, entwickelte sich eine Vielzahl von **Spaniels** parallel zu den Vorstehhunden. Sie durchstöbern unübersichtliches Gelände nach Wild, verfolgen es spurlaut und treiben es dem Jäger zu.

Sie arbeiten selbstständig im Unterholz oder Schilf, müssen sich jedoch jeder Zeit abrufen lassen. Die leicht erziehbaren, freundlichen Hunde brauchen eine konsequente Führung, um nicht zu selbstständig zu werden.

Das **Kooikerhondje** hatte die spezielle Aufgabe, mit seiner buschigen, weithin leuchtenden weißen Rute von Natur aus neugierige, rastende Wildenten in sog. Entenkojen zu locken. Heute macht man das nur noch zu Forschungszwecken.

Der **Englische Cocker Spaniel** zählt zu den beliebtesten Familien- und Begleithunden, kann aber seine Jagdhundherkunft nicht verleugnen und wird auch jagdlich geführt, wohingegen der **American Cocker** ein reiner Familienhund ist.

English Cocker Spaniel

Vorstehhunde

Sie spüren Haar- oder Federwild auf und zeigen es an. Hat die feine Nase des Vorstehhundes Witterung aufgenommen und ist er nahe genug, um den Vogel zu veranlassen, sich zum Schutz zu ducken, verharrt er unmittelbar aus der Bewegung – er steht vor. Ist der Jäger nahe genug zum Schuss, springt der Hund auf Befehl auf, Hühner und Fasane fliegen auf, der Hase flieht. Bis der Jäger geschossen hat, muss sich der Hund ruhig verhalten, setzen oder legen.

Die Deutschen Vorstehhunde allerdings sind „Alleskönner", die alle Aufgaben in unseren Revieren beherrschen: Stöbern, Vorstehen, Schweißarbeit, Apportieren. Manche sollen auch Mannschärfe zeigen. Entsprechend sind die Jagdprüfungen ausgerichtet.

Retriever

Hunde, die ebenfalls je nach Gelände auf Feld oder Wasser spezialisiert sind und geschossenes Wild aufsuchen und zum Jäger zurückbringen. Da der Retriever eng mit dem Jäger zusammenarbeitet und kein selbstständiges Jagdverhalten für seine Aufgabe braucht, eignet er sich von allen Jagdhunden am besten als Familienhund. Er muss jedoch ausgiebig beschäftigt werden.

▶ Jagdhunde in der Familie

Von den Jagdhunden eignen sich einige bei richtiger Haltung und Erziehung recht gut zum Familien- oder Begleithund, doch sollte man sich und die infrage kommende Rasse sehr gut prüfen. Ein unausgelasteter Jagdhund wird zur Nervensäge und Belastung. Er fühlt sich wohler in Jägerhand, wo er seine Veranlagung ausleben kann. Man darf sich nie vom Wesen und der Schönheit dieser Hunde blenden lassen!

Bei den deutschen Jagdhundrassen achten Züchter und Verbände darauf, dass gut veranlagte Hunde jagdlich geführt werden. Nichtjäger haben selten eine Chance, einen Welpen zu bekommen. Auf Hunde, die nicht aus einer Verbandszucht stammen, sollte man ohnehin verzichten.

Deutscher Wachtelhund
Dieser vielseitige Stöberhund erfreut sich als angenehmer Begleiter der Jägerfamilie wachsender Beliebtheit.

Rhodesian Ridgeback
Er ist ein Nasen- und Augenjäger. Anspruchsvoller Begleithund mit starker Persönlichkeit und Jagdpassion.

Weimaraner
Dieser edle Vorstehhund mit starker Persönlichkeit ist leider auf dem besten Weg zum Modehund zu werden.

Setter – v. l. Gordon, Irish Red, English
Sie sind klassische Vorstehhunde, werden aber wegen ihrer Schönheit mehr als Begleithunde gehalten.

Golden Retriever
Sie sind liebenswürdige, sehr umgängliche Familienbegleithunde, die gerne arbeiten.

Labrador Retriever
Der vielseitige Hund eignet sich als Blindenführhund, Lawinen- und Rettungshund, so wie als Spürhund bei der Polizei.

Afghanische Windhunde

Windhunde

Die älteste und edelste Form der Jagdhunde sind die Windhunde. Sie jagen in offenem Gelände mit den Augen und hetzen flüchtiges Wild bis zur Erschöpfung oder zum Tode. Auch hier gibt es Spezialisten für lange und kurze Strecken, Wüsten, Steppen und Gebirge. Von der Gazelle bis zum Leoparden nimmt es der Windhund mit jedem flüchtigen Wild auf.

Der **Afghanische** und der **Persische Windhund** oder **Saluki**, ebenso wie der arabische **Sloughi** und der **Azawakh** der Tuareg sind Jahrtausende alte Rassen. Die Hunde lebten mit in den Zelten der Nomaden und galten als deren kostbarster Besitz. Sie wurden mit Datteln und Kamelmilch ernährt. Auf den Zeltdächern liegend, überwachten sie das Gelände, und bei den ausgedehnten Jagdausflügen saßen sie mit im Sattel, bis das Wild gesichtet und die Hunde darauf losgelassen wurden.

Der große russische Windhund oder **Barsoi** war der Begleiter der Zaren, die stattliche Meuten für die Wolfsjagd hielten. **Chart Polski**, der polnische Windhund, der spanische **Galgo Espanol** und der **Magyar Agar** Un-garns sind Kreuzungen alter einheimischer Windhundschläge mit dem klassischen Rennhund – dem englischen **Greyhound**, denn als Windhundrennen mit Wettgeldern lockten, zählte nicht mehr der geschickte Jäger, sondern der schnelle Renner.

Während sich der **Deerhound** Schottlands in seiner ursprünglichen Form erhalten konnte, musste der **Irische Wolfshund** mit Hilfe verschiedener Rassen neu erzüchtet werden. Er weicht von allen Windhunden sowohl charakterlich als auch vom Aussehen her beträchtlich ab. Sein Hetztrieb hält sich in Grenzen, weshalb man ihn kaum auf Windhundrennen antrifft.

Ehemals von Zigeunern aus kleinen Greyhounds mit einem Schuss Terrierblut

Azawakhs – Windhunde der Tuareg – hier beim Rennen.

Salukis – persische Windhunde – ein uraltes Adelsgeschlecht.

gezüchtet, wurde der **Whippet** zum Rennpferd des kleinen Mannes. Die wettfreudigen
Bergarbeiter, denen das Hetzen lebender
Hasen verboten war, erfanden die Bahnren-
nen. Der schneidige, kleine Windhund ist ein
liebenswürdiger, anhänglicher und gehorsa-
mer Hausgenosse. Uralte Tradition hat der
kleinste Windhund, das **Italienische Windspiel**. Es ist längst nicht so zerbrechlich, wie
es aussieht, und genießt Zärtlichkeit und
Aufmerksamkeit seiner Familie ebenso wie
ein gelegentliches Rennen auf der Bahn.

Was der Charakter verrät

Alle Windhunde besitzen ein feinfühliges,
oft anschmiegsames Wesen, bleiben aber
immer eine geheimnisvolle Persönlichkeit
für sich, die sich dem Menschen nie unter
Zwang unterordnet. Ihre faszinierende Schönheit verführt oft dazu, dass Windhunde von
Menschen angeschafft werden, die weder dem
Wesen noch dem Laufbedürfnis ihres Hundes
gerecht werden. Nur wenige können einem
Windhund sicheren, freien Auslauf gewähren.

Windhundrennen hinter dem künstlichen
Hasen oder das Coursing, das dem Jagdverhalten vieler Windhundrassen näher kommt,
bieten nur eine bescheidene Möglichkeit, den
Hetztrieb des Hundes zu stillen. Noch mehr
als der Jagdhundfreund sollte der Windhund-
liebhaber prüfen, ob er den Bedürfnissen dieser herrlichen Hunde gerecht werden kann
oder aus Liebe zum Windhund lieber auf ihn
verzichtet.

*Der Schottische Deerhound – zarte Seele in rauem
Kleid.*

*Der Irische Wolfshund – der größte aller Hunde –
ist eine Rückzüchtung.*

*Italienisches Windspiel – der kleinste aller Wind-
hunde.*

*Whippets – das Rennpferd des kleinen Mannes –
ein anhänglicher Begleiter.*

Cairn Terrier

Terrier

Ursprünglich bezeichnete man die Hunde als Terrier (terra – Erde), die unter der Erde jagen. Kurze Beine und schmale Brust erlauben Beweglichkeit im Fuchs- oder Dachsbau. Das Wichtigste aber ist ihr Schneid, es in der Enge der Baue mit deren Bewohnern aufzunehmen. Doch die Aufgaben sind so verschieden wie ihr Aussehen – man setzte sie früher gegen alle wehrhaften Räuber ein, wie Otter, Marder und Ratten.

Die Heimat der Terrier ist Großbritannien. Nirgendwo sonst haben sich glatt- oder rauhaarige, mehr oder weniger kurzläufige Hunde dieses Typs entwickelt. Der Terrier wurde auf der Jagd zu Pferde mitgenommen, um Reinecke aus seinen Schlupfwinkeln zu treiben. Diese „Fox"-Terrier durften den Fuchs jedoch weder verletzen noch töten, denn sonst wäre das zweifelhafte Jagdvergnügen ja zu Ende gewesen.

Anders dagegen in den Schafzuchtgebieten der Bergregionen. Dort werfen die Füchse ihre Welpen so, dass sie genau zur Lammzeit anfangen zu fressen. Neugeborene Lämmer sind leichte Beute. Zu viele Füchse richten ernsthaften Schaden an. In den kargen Bergen ist die Bodendecke so dünn, dass sich die Füchse keine Baue graben können, sondern in den Spalten eiszeitlicher Geröllhalden leben. Hier kann niemand dem Hund, wie bei uns üblich, durch Ausgraben des Baues helfen. Für den Schäfer ist es deshalb wichtig, dass der Terrier mit dem Fuchs kurzen Prozess macht. Dazu braucht man harte, unerschrockene, raubzeugscharfe Hunde mit tödlichem Biss.

Mit Beginn der Rassehundezucht zogen auch die Terrier – sorgfältig herausgeputzt – auf die Schönheitsschauen, so dass sich zwei Lager bildeten: Die Schauzüchter und die Jäger. Die meisten Terrier, die wir heute als verwöhnte Rassehunde kennen, sind körperlich nicht mehr in der Lage, unter die Erde zu gehen; auch ihr Wesen wurde umgänglicher. Sie gelten als ausgezeichnete Haus- und Familienhunde, robust und fröhlich, noch immer unerschrocken und unabhängig, aber doch erziehbar. Bei den meisten blitzt hin und wieder die Rauflust durch.

In Deutschland züchtete man nach dem Vorbild der englischen Arbeitsterrier den **Deutschen Jagdterrier**, in Russland als Schutz- und Diensthund den **Schwarzen Terrier**. Der **Tibet Terrier** wiederum ist ein kleiner, wenn auch terrierartig lebhafter Hütehund. Aus kleinen Terriern züchtete man schon sehr früh den **Yorkshire Terrier** als Schoß- und Schmusehund, der trotz seiner Winzigkeit und der seidigen Haarpracht ein echter Terrier ist.

Ausgesprochen vielseitige Haus- und Hofhunde sind die beiden Iren – **Kerry Blue** und **Soft Coated Wheaten Terrier**. Sie sind zu groß für die Erdarbeit. Als vielseitige Hofhunde trieben sie das Vieh, hielten Ratten kurz und bewachten das Anwesen.

Russische Terrier

Eine Zweckzüchtung als Wach- und Schutzhund, heute reine Begleithunde.

Jack Russell Terrier
Er ist ein lebhafter, selbstbewusster Begleiter. Ihn gibt es in Glatt- und Rauhaar.

Border Terrier

Sie sind verträgliche und fröhliche Begleiter.

West Highland White Terrier
Ehemals schottischer Fuchsjäger, heute einer der beliebtesten Familienhunde.

Irischer Kerry Blue Terrier

Er war einst ein vielseitiger Gebrauchshund.

Airedale Terrier
Sie zeichneten sich einst als Sanitätshunde im Krieg aus.

Fox Terrier

Sie sind quirlige, selbstbewusste Begleiter und passionierte Jäger.

Großspitz

Haus- und Hofhunde

Hier fassen wir alle Rassen zusammen, deren Aufgabenbereich sich auf das Anwesen ihres Menschen beschränkt. Kennzeichnend ist Reviertreue, d. h. sie sollen keine Neigung zum Streunen und Wildern zeigen. Aus diesem Grund sind sie weniger geneigt, ihr Revier zu verlassen, sehr wachsam, robust, ziemlich selbstständig und selten unterordnungsbereit. Fremden gegenüber sind sie eher misstrauisch.

Schnauzer und Pinscher

Typische Hofhunde sind die Schnauzer und Pinscher, deren wichtigste Aufgabe das Kurzhalten von Ratten und Mäusen in Stallungen war, was ihnen den Namen „Rattler" einbrachte. Diese Hunde waren ebenso unentbehrliche Beschützer von Fuhrwerken und Fracht. Der ständige Umgang mit Stallburschen, Kutschern und Reitern, Lärm und oftmals Hektik, ließ nervenfeste, robuste Hunde heranwachsen. Bissige Hunde wurden nicht geduldet, während Wachsamkeit besonders nachts sehr geschätzt wurde. Schneid, Draufgängertum und Geschicklichkeit beim Rattenfang zeichnete sie aus.

Schnauzer und Pinscher sind temperamentvolle, gelehrige Begleiter, die sich für hundesportliche Aktivitäten sehr gut eignen, wenn man es versteht, sie richtig zu motivieren.

Dobermann

Spitze

Die Deutschen Spitze wurden früher als „Mistbeller" bezeichnet. Sie lebten meist auf dem warmen Misthaufen im Freien und ernährten sich von Abfällen ebenso wie von kleinen Nagern. Seit dem Mittelalter prägt der Spitz das Bild des bäuerlichen Alltags, er gewann aber auch in den Städten als nimmermüder Wächter viele Freunde.

Der temperamentvolle Spitz ist Fremden gegenüber geradezu abweisend, stets aufmerksam und wachsam. Er lässt sich leicht erziehen. Mit seinem schönen, trotz der Länge pflegeleichten Fell in vielen leuchtenden Farben ist der Spitz in all seinen Größen ein hübscher und angenehmer Hausgenosse.

Die Wachsamkeit der Schnauzer, Pinscher und Spitze geht mit einer gewissen Bellfreudigkeit einher, die aber in erträgliche Bahnen gelenkt werden kann. Dass diese Hunde grundsätzlich nicht jagen, ist ein Irrtum.

Doggenartige

Zuverlässige Wach- und Schutzhunde sind die Doggenartigen, so genannte Molosser. Molossoid bedeutet im Aussehen vom

Boxer sind heute beliebte Familienbegleithunde und bei richtiger Prägung können sie richtige „Kindernarren" werden.

Typ der antiken Kampfhunde, wie sie schon die Assyrer auf Wandreliefs vor Tausenden von Jahren darstellten. Schwere, gedrungene, muskulöse Hunde, die in vorderster Front Soldaten und Reiter angriffen.

Ehe der Mensch auf Entfernung treffsichere, tödliche Waffen besaß, machten starke Hunde Bären, Wildschweine und Hirsche, in der Antike sogar Löwen, kampfunfähig, bevor sich der Jäger mit Messer und Spießen zum letzten Hieb heranwagen konnte.

Mit der Erfindung zuverlässiger Waffen, hatte das letzte Stündlein der Saupacker und Bärenbeißer geschlagen. Einige fanden neue Aufgaben als Wach-, Schutz- und Treibhunde. Später gereichten sie bei Tier- und Hundekämpfen dem Menschen zu zweifelhaftem Vergnügen.

Seit Beginn der Rassehundezucht wurden einige der Doggenrassen als Familien- und Begleithunde gezüchtet, andere fanden erst in jüngster Zeit als letzte Reste alter Kampfhundrassen Eingang in die Hundezucht. Die Wesenseigenschaften sind daher sehr unterschiedlich. Wir finden ausgeglichene Vertreter, ebenso wie schwierig zu haltende, zu unerwünschter Aggressivität neigende.

Rassen, die bis vor wenigen Generationen oder heute noch in ihrer ursprünglichen Aufgabe eingesetzt werden, wie z. B. **Dogo Argentino** bei der Wildschweinjagd und **Fila Brasileiro** bei der Jagd auf große Raubkatzen, brauchen eine konsequente Erziehung, frühe Gewöhnung an Mensch und Tier und verantwortungsvolle Züchter, die nur mit ausgeglichenen, nervenfesten Hunden züchten. Falsch geprägt und künstlich scharf gemacht, können die großen, starken, schmerzunempfindlichen, wenig unterordnungsbereiten Hunde außer Kontrolle geraten.

Sie brauchen Lebensraum und ein sicher eingezäuntes Grundstück. Bei einigen hält sich der Bewegungsdrang in Grenzen. Keinesfalls gehören sie in die Hände von in der Hundehaltung unerfahrenen Menschen. Die Aufzucht der großen Hunde ist in der Regel teuer und aufwändig, da die Tiere hervorragendes Futter benötigen, jedoch jung nicht zu schwer werden dürfen, um das gesunde Wachstum des Skeletts nicht zu beeinträchtigen. Für hundesportliche Aufgaben sind die schweren, wenig führigen Vertreter der Molosser nicht geeignet.

Riesenschnauzer
Sie beschützten einst die Brauereiwägen Münchens und sind heute noch unbestechliche Wächter.

Weiße Zwergschnauzer
Diese Variante der Schnauzerfamilie sieht man sehr selten.

Deutsche Dogge
Der Apoll unter den Hunden, kraftvoll und majestätisch.

Maremmano bei seinen Schafen.

Hirten- und Treibhunde

Mit der Entwicklung vom Jäger zum nomadisierenden Viehzüchter bis hin zum sesshaften Bauern spielte der Hund als Beschützer der Lebensgrundlage des Menschen eine bedeutende Rolle. Von den großen, wehrhaften Jagdhunden blieben diejenigen bei Haus, Hof und Herde, die sich durch ausgeprägtes Revierbewusstsein auszeichneten und das ihnen anvertraute Eigentum gegen Mensch und Tier verteidigten.

Hirtenhunde

Archäologischen Funden nach züchteten Menschen schon in der ausgehenden Mittelsteinzeit vor gut 11000 Jahren Schafe. Diese wehrlosen Tiere brauchten Schutz vor zwei- und vierbeinigen Räubern, den die zahmen Hauswölfe der Menschen, die nun über den Jagdgefährten hinaus Bedeutung im Leben

Cao da Serra de Estrêla in Portugal bei ihrer Arbeit. Die Herde folgt dem Hirten, die Hunde sichern nach allen Seiten ab.

des Menschen gewannen, boten. Größter Feind war der Wolf, deshalb mussten die Hunde diesem starken und klugen Tier nicht nur gewachsen, sondern sogar überlegen sein.

Mit der Ausrottung großer Raubtiere wie Bär und Wolf verloren die starken Hirtenhunde ihren Arbeitsplatz. Nur dort, wo es noch Wölfe und Bären gibt, sind Hirtenhunde nach wie vor unentbehrliche Helfer der Hirten. In Europa beschränken sich diese Gebiete auf die Gebirgsregionen der Iberischen Halbinsel, Italiens und des Balkans.

Da der Wolf auf dem Weg nach Westen ist, gewinnen auch die Berghunde Polens und der Slowakischen Republik wieder an Bedeutung. Die Herden zu schützen ist besser, als die Wölfe auszurotten.

Der Hirtenhund ist ein Nachtarbeiter. Tagsüber kann der Mensch sein Eigentum verteidigen. Nachts lassen ihn die Sinne im Stich und der Hund übernimmt die Rolle des Hirten. Der Hirtenhund ist weitgehend auf sich selbst gestellt. Er ist eher seiner Herde als dem Hirten verbunden, was der junge Hund schon sehr früh lernt.

Die meisten Hirtenhunde wurden relativ spät für die Rassehundezucht entdeckt. Verkehrswege in die entlegendsten Winkel und wachsendes Interesse an bodenständigen Rassen bewahrten viele schöne Hundetypen vor dem Aussterben, denn mit den alten Traditionen verschwinden auch die dazugehörigen Hunde.

Do-Khyi

Der Wächter aus dem Himalaya beeindruckte einst Marco Polo auf seinen Reisen und ist bis heute eine eindrucksvolle Persönlichkeit.

Kuvasz
Er ging einst mit den Königen Ungarns auf die Jagd und war stets ein geschätzter Wachhund großer Anwesen.

Mastin Español

Er ist Begleiter riesiger Schafherden auf den langen Wanderungen durch Spanien, von den Sommer- zu den Winterweiden.

Komondor
Einer der wenigen zotthaarigen Steppenhirtenhunde. Das Fell schützt gegen Sandstürme, extreme Hitze und Kälte.

Kangal

Ein noch sehr ursprünglicher Herdenschutzhund aus dem Osten Anatoliens. Er ist für ein Leben bei uns wenig geeignet.

Mastin de los Pirineos
In den Pyrenäen Frankreichs und Spaniens gehören große Hirtenhunde heute noch zum Alltagsbild der Bergbauern.

Welsh Corgi Pembroke

So attraktiv diese Hunde sind, als Haus- und Familienhunde sind sie nur bedingt geeignet. Ihrer ursprünglichen Aufgabe entsprechend, sind sie sehr selbstständig, wenig unterordnungsbereit und gehorchen zuverlässig nur dem, der es versteht, dem Hirtenhund ein umsichtiger und unmissverständlicher Rudelführer zu sein. Sie suchen zwar stets Kontakt zu ihren Menschen, sind aber nicht so anhänglich und ständig um Aufmerksamkeit bemüht wie unterordnungsbereitere Hunde. Fremden gegenüber sind sie in der Regel misstrauisch. Fremde Hunde werden im eigenen Revier nicht geduldet.

Was der Charakter verrät

Hirtenhunde sind am Tage eher ruhig, nachts jedoch außerordentlich wachsam. Sie sind gewohnt, nach eigenem Ermessen ohne Kommando des Herrn zu handeln. Für fremde Menschen ist schwer abzuschätzen, was in dem Hundekopf vorgeht und wann für den Hund eine Situation bedrohlich ist und seinen Schutztrieb fordert. Missverständnisse mit einem solch großen und wehrhaften Hund dürfen nicht aufkommen, denn der Mensch ist einem angreifenden Hirtenhund nicht gewachsen. Dabei beißen sie nicht drauflos, sondern drohen sehr überzeugend mit allen zur Verfügung stehenden Ausdrucksformen – ihr Ziel ist Vertreiben. Wer die Botschaft missachtet, muss mit Konsequenzen rechnen. Die Haltung ist deshalb nicht einfach. Das beginnt schon mit einer absolut sicheren Einfriedung des Grundstücks und Kontrolle über den Hund.

Es gibt unter den Hirtenhunden noch sehr ursprüngliche, erst kürzlich „entdeckte" Rassen, mit denen wirklich nur wenige Menschen umgehen können, und solche, die schon seit vielen Generationen weg von ihrer ursprünglichen Aufgabe hin zum umgänglicheren Haus- und Familienhund gezüchtet wurden. Dennoch besitzen sie den typischen Hirtenhundcharakter in mehr oder weniger ausgeprägter Form. Sie lieben den Aufenthalt im Freien, brauchen ein großes Revier, das sie abschreiten und bewachen können, und fühlen sich in fremder Umgebung selten wohl, ja sogar unsicher. Hirtenhunde sind in der Regel groß, kräftig und athletisch gebaut. Meist sind sie stock- bis langstockhaarig. Es existieren nur noch wenige Zotthaarige.

Bauern- und Treibhunde

In den nicht mehr durch Wölfe bedrohten Viehzuchtgebieten, insbesondere im Alpenraum, fanden die Hirtenhunde als Wach- und Schutzhunde der entlegenen Bauernhöfe eine neue Aufgabe. Zu diesen „Bauernhunden" zählen wir den **St. Bernhardshund**, den **Hovawart**, der erst in diesem Jahrhundert nach altem Vorbild zurückgezüchtet wurde, und vom Typus her den **Leonberger**, der aus verschiedenen Bauern- und Hirtenhundtypen herausgezüchtet wurde.

Von den alten Bauernhundschlägen stammen die so genannten Treibhunde ab, deren Aufgabe es war, das Vieh von den Weiden in die Täler und von dort in großen Herden zu oft Hunderte von Kilometern entfernten Viehmärkten zu treiben. Mit dem Ausbau der Eisenbahn und später dem LKW-Verkehr verloren diese Hunde ihre Aufgabe. Inzwischen wurden sie als Rassehunde erfasst und vor dem Aussterben bewahrt.

Diese außerordentlich robusten, lebhaften, klugen und trotz aller Selbstständigkeit mit dem Herrn verbundenen und zusammenarbeitenden Hunde gelten heute als zuverlässige Wach- und Schutzhunde. Sie ordnen sich nur einer konsequenten Führung unter. Ihr Revierbewusstsein ist ausgeprägt, d.h. sie sind Fremden gegenüber nicht aufgeschlossen und fremden Hunden in der eigenen Umgebung gegenüber unduldsam.

Appenzeller Sennenhund bei seiner morgendlichen Arbeit – dem Treiben des Milchviehs zu den Ställen.

St. Bernhardshund von heute
(links Langhaar, rechts Stockhaar)
Er besitzt noch hirtenhundtypische Eigenschaften.

Hovawart
Er ist einer Rückzüchtung aus Bauernhunden nach-
empfunden und braucht eine gute Führung.

Leonberger
Gezüchtet aus Bauernhunden mit Landseer, Pyre-
näenberghund und anderen Hirtenhundschlägen,
repräsentiert er das Wappentier Leonbergs.

Rottweiler

Er ist der
klassische
Metzgershund
vergangener
Tage und
heute noch
zuverlässiger
Wächter mit
starker Per-
sönlichkeit.

Appenzeller Sennenhund
Robust, lebhaft, eigensinnig und sehr charmant,
fordert seinen Besitzer. Er braucht eine Aufgabe.

Australian Cattle Dog
Er arbeitet an riesigen Herden frei lebender Rinder.
Durchsetzungsvermögen ist hier gefragt.

Kurzhaar-Collie

Hütehunde

Die Blütezeit der Hütehunde ging Hand in Hand mit der Intensivierung der Schafzucht im 18. Jahrhundert. Hütehunde sind so vielfältig, wie die Anforderungen, die Klima, Umgebung und Art der Weidewirtschaft stellen, es erfordern. Vom kleinen flinken Berghüter über zottige Heidehüter bis hin zu starken, auch schützenden Schäferhunden der Agrarlandschaft, bieten sie in bunter Vielfalt für jeden etwas.

Border Collie beim Gänsehüten. Diese Hunde sind besonders vielseitig einsetzbar und ohne Aufgabe unglücklich.

Der altdeutsche Hütehund vom Typ Gelbbacke kann hervorragend mit großen Herden umgehen. Er ist flink und wendig.

Raubtiere stellten in dicht besiedelten Regionen keine ernsthafte Bedrohung mehr dar. Um zweibeinige Diebe abzuschrecken, genügten die scharfen Zähne und festes Zupacken eines mittelgroßen, beweglicheren und genügsameren Hundes.

Die Nachfahren der Hirtenhunde auf den Bauernhöfen waren wachsam und verteidigungsbereit, schlossen sich aber enger an den Menschen an und waren unterordnungsbereiter als ihre Vorfahren. Das ergab sich zwangsläufig aus dem engen Zusammenleben auf dem Bauernhof. Zu ihren Aufgaben gehörte der Umgang mit dem Vieh, das Heraus- und Hereinbringen von Rindern, Schafen, Ziegen, ja sogar Schweinen und Geflügel. Gute Voraussetzungen für den späteren Hütespezialisten.

Die Schäferei hatte viele Gesichter. Da gab es einmal die Dorfherde: Der Hirte sammelte morgens von den Höfen die Schafe oder Rinder ein, führte die Tiere zu Weideplätzen und abends wieder in den heimatlichen Stall. In großen Heide- und Moorgebieten blieb der Schäfer mit seiner Herde draußen und übernachtete in seinem Karren neben den eingepferchten Schafen.

Dann gab es die Wanderschäferei. Der Schäfer zog weite Strecken über Land, von Weideplatz zu Weideplatz. Hierbei kam er durch Dörfer, überquerte Straßen und Flüsse.

In den abgeschiedenen, weiten Bergregionen Schottlands und Neuseelands leben die Schafe halb wild und begegnen Schäfer und Hund nur, wenn sie zum Kennzeichnen, Scheren etc. zusammengetrieben werden.

Collie

Die schottischen Schäferhunde verließ schon vor 150 Jahren die Herde und wurden zum populären Familienbegleithund.

Shetland Sheepdog
Er ist ein lebhafter, sehr anhänglicher Familienbegleithund mit sportlichen Ambitionen, der auch noch hüten kann.

Border Collie

Er blieb bis heute ein passionierter Hütehund, der seine Fähigkeiten ausleben können muss.

Pyrenäen Hütehund
Er ist ein quirliger, sehr aktiver, auf seine Familie orientierter, dennoch recht selbstständiger typischer Gebirgshüter.

Australian Shepherd

Er vereint viele europäische Hütehundtypen und ist ein vielseitig einsetzbarer, sehr arbeitsfreudiger Hund.

Schapendoes
Er wurde erst vor kurzem vor dem Aussterben bewahrt und ist heute ein lebhafter, arbeitsfreudiger Familienbegleithund.

Die riesigen Schafherden Australiens werden zu Pferde oder per Motorrad gehütet, der **Kelpie** ist jedoch unentbehrlich, um die quirlige Schar an den Pferchen zu leiten.

Jede Art der Schafhaltung erfordert einen auf seine Aufgabe hin spezialisierten Hund. Die Hüteveranlagung ist bei diesen Hunden angeboren und geht auf das Wolfserbe als Großwildjäger zurück.

Unterschiedliche Typen

Die Eignung für besondere Aufgaben wurde durch gezielte Zucht gefestigt und ist teilweise anerzogen. So finden wir unter den Hütehunden die unterschiedlichsten Typen, Fellsorten, Größen, Farben und Charaktere.

Das Aussehen eines Hundes wird weitgehend von den Erfordernissen der Landschaft und des Klimas bestimmt. Zotthaar schützt in trockenem Steppengelände gegen Sonne, Kälte, Wind, Sandstürme und Dornengestrüpp. Rollhaarige und rauhaarige Hunde fühlen sich auf lehmigem Boden wohler, der zottiges oder langes Haar bei jedem Regenguss bis zur Unbeweglichkeit verklumpen würde. Schlichtlanghaarige oder stockhaarige Hunde mit dichter Unterwolle eignen sich gut für Wiesengelände in regenreicher Gegend, da das Wasser vom Fell einfach abläuft, und der Körper des Hundes trocken bleibt.

In den Mittelgebirgen bewährt sich ein kleinerer, beweglicher Hund, während die Hütehunde der Niederungen stattlicher, hochbeiniger sind und mit weit ausgreifendem Trab viele Kilometer mühelos zurücklegen können. In den Niederungen herrscht Ackerbau vor. Hier muss ein Hund ständig an der Herde auf und ab laufen, damit nicht wertvolles Saatgut oder Getreide anstatt des Wildwuchses am Feldrain abgefressen wird.

Die Vielfalt der altdeutschen Hütehunde ist groß: hier ein Schafpudel.

Diese beiden gehören zu den stockhaarigen Hütehunden - rechts ein „Tiger".

Der Polnische Niederungshütehund (PON) betreut große Herden.

Der Tibet Terrier ist der Gebirgshüter des Himalaya und im eigentlichen Sinne kein Terrier.

Wenn sich Rassehundezüchter der Hütehunde nicht angenommen hätten, wären die meisten Rassen und Schläge verschwunden, weil sie bei zurückgehender Schafzucht nicht mehr benötigt werden. Alle Schäferhunde haben eines gemeinsam: Sie sind hochintelligent, lernfreudig, stark auf ihren Menschen fixiert, anpassungsfähig, zum Teil sehr sensibel und lebhaft. Sie alle sind wachsam, und einige zeichnen sich durch angeborenen Schutztrieb aus, was sie zu Diensthunden für Polizei und Militär befähigt.

Was diese Hunde brauchen

Hütehunde brauchen eine konsequente Erziehung, viel Bewegung und Beschäftigung. Wer sich aktiv mit seinem Hund beschäftigen will, der ist mit einem Hütehund gut bedient. Er lässt sich mit etwas Kenntnis und Geschick leicht erziehen und fügt sich gut in das Familienleben ein. Für bequeme Menschen sind die geborenen Arbeitshunde allerdings nicht geeignet, denn wenn sie nicht genügend Auslauf und Beschäftigung bekommen, lassen sie sich aus Langeweile allen möglichen Unsinn einfallen und richten u.U. Schaden und Unheil an.

Viele werden seit Generationen als Haus- und Familienhunde gezüchtet und zeigen nur noch hin und wieder Hüteinstinkte, andere sind erst vor kurzem von der Herde in die häusliche Umgebung gelangt und besitzen eine noch schier unstillbare Hütepassion.

Reizvoll ist auch ihr unterschiedliches Erscheinungsbild vom wolfsähnlichen Schäferhund über den eleganten, farbenprächtigen Collie bis hin zum kleinen, wuscheligen Schapendoes der niederländischen Heidelandschaft. Aber auch unter den nordischen Spitzen gibt es Hütespezialisten.

Holländischer Schäferhund

Groenendael

Der schwarze langhaarige Schlag des belgischen Schäferhundes.

Briard

Der französische Briard ist ein starker, sehr selbstbewusster, ehemaliger Begleiter großer Herden.

Deutscher Schäferhund

Er wurde speziell für die Arbeit bei Polizei und Militär gezüchtet und gehört weltweit zu den beliebtesten Familienhunden.

Weißer Schweizer Schäferhund
Er ist die weiße Variante des Deutschen Schäferhundes.

Siberian Husky

Nordische Hunde

Auf der Nordhalbkugel der Erde entwickelte sich ein Hunde-typ, der der ursprünglichen Hundeform zu Beginn der Domestikation sehr nahe kommen dürfte. Nordische Hunde zeichnen sich durch quadratischen Körperbau, dichtes, schützendes, mehr oder weniger langes Stockhaar, kleine, behaarte, aufrechte Stehohren und eine buschige Ringelrute aus. Sie sind damit dem kalten Klima bestens angepasst.

Sonnenschein und Schnee unter den Pfoten – Huskys lieben das Rennen vor dem Schlitten.

Zusammengerollt, die Nase unter die buschige Rute gesteckt, schlafen nordische Hunde selbst im tiefsten Schnee unbeschadet. Hier bestimmt die Umwelt das Aussehen der Hunde, nicht die Aufgabe, so dass wir bei den nordischen Spitztypen sowohl Jagd- als auch Hütehunde und Schlittenhunde finden. Die zahlreichen russischen **Laikarassen** sind oft vielseitig einsetzbar, sowohl zur Jagd, als auch als Lastenzieher und Wachhunde.

Der bekannteste Schlittenhund ist der **Siberian Husky**, der sich jedoch kaum als Haus- und Familienhund eignet.

Schlittenhunde besitzen starken Jagdtrieb, sind sehr selbstständig und wenig unterord-nungsbereit. Sie brauchen viel Bewegung, doch man kann sie nicht frei laufen lassen, denn wird ihr Jagdtrieb geweckt, kennen sie keinen Gehorsam mehr. Der Schlittenhund-sport ist für sie eine schöne Möglichkeit, ihre Veranlagung auszuleben.

Huskies sind in der Regel menschen-freundlich und keine Wach- und Schutzhun-de. Geradezu unglaublich ist ihr Geschick, Zäune zu überwinden und aus Zwingern auszubrechen. Die Haltung ist schwierig, und man sollte sich sehr gut prüfen, ehe man sich von den faszinierend blauen Mandelau-gen verzaubern lässt. Siberian Huskies haben übrigens auch wunderschöne braune Augen.

Während der Husky das Rennpferd unter den Schlittenhunden ist, ist der schwere **Alaskan Malamute** fähig, erstaunliche Lasten zu ziehen. Er ist sehr territorial orientiert und fremden Hunden gegenüber unduldsam. Der **Samojede** stammt aus dem Norden Russ-lands und half sowohl bei der Jagd, als auch beim Hüten der Rentiere und als Zugtier. Er gilt als besonders menschenfreundlich, weil er eng mit der Familie im Zelt zusammenleben durfte. Zur schneeweißen Rassehundeschönheit wurde der Samojede erst, als britische Züchter die von den Polarexpeditionen mitgebrachten Hunde mit dem unwiderstehlichen Lächeln weiterzüchteten. Der **Grönlandhund** ist heute noch in seiner Heimat unentbehrlicher Arbeitsgefährte der Eskimos.

Selbst die Schlittenhunde hatten ursprünglich mehrere Aufgaben. Die Spezialisierung auf Schlittenrennen erfolgte erst in den letzten Jahrzehnten und hat mittlerweile so große Popularität erlangt, dass immer schnellere Hunde durch Kreuzungen mit Jagd- und Hütehunden für diesen Hochleistungssport gezüchtet werden.

Obwohl alle nordischen Hunde mehr oder weniger zur Jagd eingesetzt wurden, gibt es Jagdspezialisten unter den Spitztypen. Die **Elchhunde** z. B. gehören zu den Stöberhunden, die das Wild im undurchdringlichen Dickicht der nordischen Wälder aufspüren, selbstständig verfolgen und den Jäger durch Gebell an das gestellte Wild heranrufen – bei Bären und Elchen oft ein gefährliches Unterfangen. Andere wie der **Finnenspitz** sind auf die Vogeljagd spezialisiert. Durch Gebell und Herumhüpfen veranlassen sie die Vögel, neugierig auf den Baumspitzen sitzen zu bleiben, bis die Jäger zum Schuss herankommen.

Die nordischen Jagdhunde sind aufgrund ihrer Selbstständigkeit und ihres Jagdtriebs schwierige Haus- und Familienhunde, da sie gerne eigene Wege gehen. Die „Vogel"hunde sind ausgesprochen bellfreudig.

Shiba Inu

Der kleine japanische Jagdhund gewinnt als Begleithund auch in Europa Freunde.

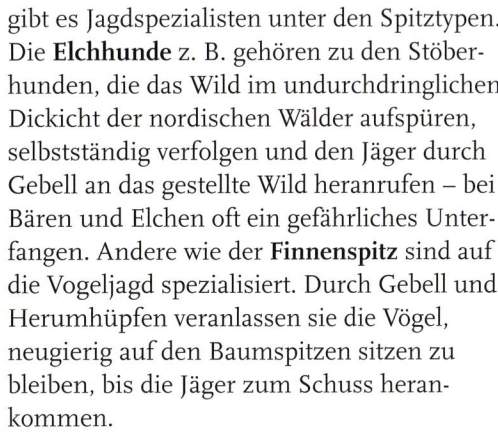

Alaskan Malamute

Er ist der Lastenzieher unter den Schlittenhunden.

Samojede
Der lächelnde Samojede ist ein imposanter, liebenswürdiger, aber nicht einfacher Hund!

Lundehund
Er apportierte einst Eier der Papageientaucher aus unterirdischen Nestern am Rande steiler Klippen.

Boston Terrier-Welpen

Gesellschafts- und Begleithunde

Diese Hunde haben das zweifelhafte Vergnügen, ausschließlich zur Freude des Menschen zu leben. Manche werden schon seit Jahrtausenden in kaum veränderter Form gezüchtet. Da sie reiner Luxus waren, wurden sie gerne wie wertvoller Schmuck mit ihren wohlhabenden Besitzern auf antiken Vasen und Wandmalereien verewigt.

Mops
Er ist eine liebenswerte, sehr eigenwillige Persönlichkeit. Seine Vorfahren kamen aus China.

Cavalier King Charles Spaniel
Liebling englischer Könige, der sich nur beim Mäusefangen an sein Jagdhunderbe erinnert.

Gesellschaftshunde

Auf jahrhundertealten sakralen Malereien liegen kleine Hunde zu Füßen der Kirchenfürsten, selbst in Stein gemeißelt auf deren Sarkophagen. Seit sich Menschen in ihrer Eitelkeit auf Gemälden darstellen lassen, finden wir beinahe alle bekannten Kleinhundtypen ebenfalls verewigt.

Da diese Hunde keinen bestimmten Nutzen hatten, wurden sie früher als alle Gebrauchshunderassen rein nach Aussehen gezüchtet. Sie alle sind ausgesprochen angenehme, zärtliche, freundliche Hausgenossen, die nichts mehr schätzen als das Zusammensein mit ihrem Menschen. Diese Luxusgeschöpfe benötigen größte Aufmerksamkeit, sei es, dass ihr üppiges Fell sorgfältige, stundenlange Pflege braucht oder sie gar keines haben! Auf die Haltung eines Zwerghundes muss man sich einstellen, er hat seine Eigenheiten, die beachtet werden müssen.

Deshalb sollte man sich vor dem Kauf einer solch winzigen Persönlichkeit gut beraten lassen. Besonders die kurznasigen Hunde sind mit übergroßen Augen und Atemnot nicht unbedingt glückliche Geschöpfe! Beim Kauf unbedingt ungesunde Extreme meiden.

Fast alle sind schwierig zu züchten, sei es, dass die Köpfe zu groß sind und die Geburt erschweren, oder die Mütter die Welpen unmittelbar nach der Geburt nicht betreuen können. Da Zwerghunde nur wenige Welpen gebären, sind sie teuer, und die Zucht ist nicht lukrativ.

Wer sich nicht mit einem an Auslauf und Beschäftigung große Ansprüche stellenden Hund belasten möchte, der findet in den Kleinen wundervolle Ansprechpartner und Gefährten, die ihren großen Artgenossen wirklich nur in Körpergröße nachstehen, denen jedoch nichts vom typischen Hundeverhalten fehlt und die in ihrer Hingabe an ihre Menschen unübertroffen sind. Sie haben den Vorteil, dass man sie auf engstem Raum halten und bequem mit auf Reisen nehmen kann. Man kann sie im Spiel ohne ausgedehnte Spaziergänge beschäftigen, so dass sie selbst für behinderte Menschen oder Stadtbewohner ideale Gefährten sind.

Begleithunde

Der **Kromfohrländer** ist eine Nachkriegskreation, in Gedenken an einen entzückenden, unkomplizierten Mischlingshund.

Die kleinen Doggen – **Boston Terrier**, **Mops** und **Französische Bulldogge** – sind kurznasige, aber lustige Hausgenossen, die viel Freude machen. Allerdings nur, wenn die Nasen nicht zu kurz gezüchtet wurden, was leider bei Ausstellungssiegern oft der Fall ist.

Der **Pudel** ist der Begleithund schlechthin, der in vier Größen, vielen Farben und verschiedenen Schuren für jeden Geschmack etwas bietet. Er ist gelehrig, verspielt, fröhlich und anschmiegsam. Das Fell hat die angenehme Eigenschaft, keine Haare zu verlieren, bedarf jedoch sorgfältiger Pflege.

Für Menschen mit Hundehaarallergien sind die haarlosen Rassen wie der mittelgroße **Xoloitzquintli** und die zierlichen **Chinesischen Haarlosen Schopfhunde** (sehr apart sind die in der Zucht notwendigen behaarten Varianten, die Powder Puffs oder Puderquasten) zärtliche und erstaunlich widerstandsfähige Begleiter.

Zu den größeren Begleithunden zählen der elegante, laufhungrige **Dalmatiner** mit dem charakteristisch schwarz oder braun getupften Fell und die beiden Spitze **Chow Chow** und **Eurasier**. Während der Chow Chow schon vor Jahrtausenden in China gezüchtet wurde, ist der Eurasier eine moderne Kreation aus Chow Chow, Wolfsspitz und Samojede. Beide sind recht eigenwillige, nicht allzu sportliche Hunde, wachsam aber nicht bellfreudig und bedürfen sorgfältiger Haarpflege.

Die großen, aus Neufundland stammenden **Neufundländer** und **Landseer** sind imposante, selbstbewusste Familienhunde, die viel Lebensraum und Zuwendung benötigen.

Eine Hand voll Chihuahua-Welpe.

Dalmatiner
Dieser attraktive Hund war einst dekorativer Begleiter der Kutschen – er ist immer noch ein ausdauernder Läufer.

Eurasier
Er ist eine gelungene Mischung asiatischer und europäischer Spitze.

Hunde helfen Menschen

Deutsch Drahthaar

Jagdhundearbeit

Landesjagdgesetze schreiben vor, dass bestimmte Jagdarten nur mit einem jagdlich brauchbaren Hund durchgeführt werden dürfen. Strenge Zuchtbestimmungen und Leistungsprüfungen gewährleisten eine hohe angeborene Veranlagung zu den geforderten jagdlichen Fähigkeiten. Auch nicht jagdlich geführte Jagdhunde sollten eine Ausbildung genießen und ihrer Passion entsprechend beschäftigt werden.

Dem Nicht-Jäger wird es kaum gelingen, einen Jagdhund aus jagdlich geführter Zucht zu kaufen. Die deutschen Zuchtvereine achten streng darauf, dass ihre Hunde nicht in falsche Hände geraten. Das ist auch gut so, denn diese Hunde brauchen einfach die Möglichkeit, ihre jagdlichen Fähigkeiten unter richtiger Ausbildung ausleben zu können. Leider werden schon einige Rassen wie z.B. der Weimaraner und Kleine Münsterländer als Begleithunde vermarktet.

Feldarbeit

Bei der sog. Feldarbeit läuft der Hund flott in weiten Schlägen das Feld ab, wobei er stets Sichtkontakt zum Herrn wahren muss.

Teckel sind geschaffen für die Erdarbeit, um Fuchs und Dachs aus dem Bau zu treiben.

Wittert er ein Rebhuhn, einen Fasan oder Hasen, verharrt er im Lauf in der sog. Vorstehpose oder legt sich hin und weist mit der Nase auf das Wild, das sich tief geduckt versteckt hält. Ist der Jäger nahe genug zum Schuss, bewegt sich der Hund auf Kommando und „drückt das Wild heraus", d.h. er scheucht es auf, wobei sich der Hund anschließend sofort hinlegen muss und keinesfalls nachhetzen darf.

Nach dem Schuss bringt der Hund auf den Befehl „Apport" die Beute rasch heran und gibt sie auf das Hörzeichen „Aus" seinem Menschen ab. Er darf das Wild nicht beschädigen, sondern muss es mit weichem Maul tragen. Geübt wird zunächst mit künstlichen Gegenständen, dem hölzernen Apportierbock oder dem mit Fell überzogenen „Dummy". Später reicht man ihm bereits tote Tiere.

Wasserarbeit

Bei der Wasserarbeit stöbert der Hund hinter der Ente im Schilf, apportiert sie nach dem Schuss aus dem tiefen Wasser und gibt sie dem Jäger ab. Die meisten Rassen lieben die Wasserarbeit, doch auch hier gibt es Spezialisten wie die Retriever und Water Spaniels. Diese Arbeit kann der Nichtjäger mit schwimmenden Dummys sehr gut nachvollziehen und seinen Hund sinnvoll beschäftigen.

Voller Elan spring dieser Labrador Retriever ins Wasser. Das ist seine Welt – Sommer wie Winter. Für eine gute Apportierarbeit belohnt zu werden, macht ihn glücklich.

Nachsuche

Verletztes Wild muss per Gesetz mit einem Hund gesucht und von seinen Leiden erlöst werden. Spezialisten hierfür sind die sog. Schweißhunde (Schweiß = Blut), die unter schwierigsten Bedingungen zuverlässig suchen. Der Hund sucht mit oder ohne Leine. Kleines Wild bringt er zurück, bei großem Wild bleibt er am Stück und ruft durch sog. „Totverbellen" den Jäger heran, oder führt mit dem am Halsband befestigten Bringsel im Fang als Zeichen, dass er gefunden hat den Jäger zum Stück. Die meisten Hunde lieben die Sucharbeit, die auch der Nichtjäger mit künstlich gelegten Fährten bieten kann.

Waldarbeit

Bei der Waldarbeit muss der Hund zunächst in unübersichtlichem Gelände „buschieren", d. h., er sucht in hochgewachsenen Kartoffelfeldern, niederen Forstkulturen, Gebüsch und Hecken, Heide und lichtem Stangenholz nach Wild. Der Hund läuft frei vor dem Jäger, darf sich aber nicht weiter als 35 m entfernen. Beim Stöbern arbeitet er selbstständig in unübersichtlichem Gebiet, auch im Schilf. Er muss das Wild finden, mit lautem Gebell („Spurlaut") verfolgen und seinem Herrn zutreiben bzw. es durch die Schützenlinie jagen, selbst diese aber nicht überqueren. Typische Stöberhunde sind die Spaniels und der Deutsche Wachtelhund.

Australian Kelpie bei der Arbeit.

Hütehundearbeit

Der Hütehund ist die rechte Hand des Schäfers. Wie bei den Jagdhunden sind die Aufgaben vielfältig und unterscheiden sich je nach Landschaftsbild und Klima. So gibt es unter den Hütehunden viele Spezialisten und Formen, die ihrer Aufgabe und den Lebensumständen bestens angepasst sind. Da sie auf Anweisung arbeiten und unterordnungsbereit sein müssen, eignen sich viele Rassen als Begleit- und Sporthunde.

Border Collie beim Sheepdog Trial – der Hund muss die Schafe perfekt über den Parcours bringen. Typisch für den Border Collie ist das Fixieren der Schafe mit den Augen und die geduckte Haltung des anschleichenden Jägers.

Hütehunde sind Arbeitshunde, Werkzeuge der Schäfer. Sie müssen hart arbeiten und werden nicht verwöhnt. Angeborene Hüteveranlagung, hohe Lernbereitschaft und robuste Gesundheit sind Voraussetzung für die Eignung zum Hütehund.

Der Schäfer trifft eine sehr strenge Zuchtauslese nach den notwendigen Merkmalen und gibt sich keineswegs mit willkürlich aufgelesenen Mischlingen ab. Je besser der Hund durch seine angeborene Veranlagung, desto weniger Mühe bei der Ausbildung und desto geringer der Ausfall an ungeeigneten Hunden.

Mit der sorgfältigen Zucht stellt der Schäfer schon die Weichen für seinen künftigen Arbeitsgefährten. Dabei interessieren ihn

weder Ahnentafel noch Schönheitsfehler, sofern sie die Gebrauchstüchtigkeit nicht beeinträchtigen.

Die Veranlagung zum Hüten ist tief im Erbgut des Hundes verankert. Ihre Wurzeln liegen im Jagdverhalten der Wölfe bei der Großwildjagd, das den jeweiligen Anforderungen angepasst wurde. Wölfe jagen große Beutetiere in der Regel im Winter, wenn kleine Tiere nicht ausreichend zur Verfügung stehen. Sie schließen sich zu größeren Gruppen zusammen und verfolgen die Herden. Um erfolgreich zu jagen müssen sie die Rollen klar verteilen und unmissverständlich miteinander kommunizieren, denn Misserfolg bedeutet den Tod der ganzen Sippe. Jedes Tier nimmt willig seinen Platz ein und leistet entsprechend seiner Begabung Bestes. Diese verschiedenen Talente mache Hütehunde so vielseitig. Klare Regeln beherrschen das Bild: Der Rudelführer bestimmt Beginn und Strategie der Jagd. Dann kommt es auf blitzschnelles Reagieren an. Jeder weiß genau, was er zu tun hat, ohne Alleingänge, die den Jagderfolg gefährden. Nicht anders arbeitet der Hütehund - nur den letzten Schritt, das Töten (oder auch nicht) der Beute, überlässt er dem Schäfer.

In Deutschland hat die Schafzucht kaum wirtschaftliche Bedeutung. Die meisten Schäfer sind Hobbyschäfer oder Landschaftspfleger. Die alte Tradition der Wanderschäferei gibt es kaum noch. Weit verbreitet ist die Koppelschafhaltung, wo die Tiere ohne Betreuung auf eingezäunten Weiden grasen.

zu verhindern, dass die Schafe in benachbarte Felder oder Wiesen laufen. Die Hunde bekommen Anweisungen vom Schäfer, aber sie arbeiten auch selbstständig unabhängig vom Kommando, wenn es nötig ist.

Koppelschafhaltung

Bei der Koppelschafhaltung hilft der Hund beim Verbringen der Schafe zu den Weiden, beim Einholen, Einpferchen oder Verladen. Es ist mehr die direkte Arbeit am Schaf und nicht die Führung großer Herden auf lange Strecken. Viele Schafe werden nur für die Beschäftigung des Hundes gehalten. Zum Schutz der Schafe muss der Hund gut ausgebildet und gearbeitet werden. Hütewettbewerbe sind ein beliebter Sport für Border Collie und Australian Shepherd.

Links:
Alltag eines Schäferhundes – die Herde sicher im Straßenverkehr bewegen.

Unten:
Die Westerwälder Kuhhündin achtet darauf, dass kein Hälmchen auf dem Acker angeknabbert wird.

Hütehunde in Deutschland

Wie alte Nutztierrassen werden auch die altdeutschen Hütehunde der Tradition halber weiter gepflegt.

In einem dicht besiedelten und landwirtschaftlich genutzten Land mit dichtem Straßennetz betreuen die Hunde die Herden hauptsächlich auf dem Wege zu den zugewiesenen Weideflächen. Die Herde wird zügig durch Ortschaften, vorbei an Gärten und Feldern getrieben, ohne dass die Schafe Schaden anrichten. Der Hund achtet darauf, dass sie am Straßenrand gehen und nicht vor Autos laufen. Eine besondere Kunst der Hunde ist es, die Grenzen der Weiden zu erkennen und

Lebensretter „Hund"

Rettungshunde

Weltweit helfen Rettungshundestaffeln bei Erdbeben, Erdrutschen, Explosionen, Bergwerksunglücken usw., Menschenleben zu retten. Der Rettungshund sucht unter schwierigsten Bedingungen vermisste oder verschüttete Menschen und zeigt das Finden durch Bellen oder anderes, antrainiertes Verhalten.

Rettungshunde müssen vollkommen gesund und vom Körperbau her fähig sein, schwierigstes Trümmergelände sicher zu begehen, Leitern zu erklettern, über hohe Gerüste zu balancieren, selbst vor schwankendem Grund nicht zurückzuschrecken. Eine Schulterhöhe von 50 bis 65 cm ist ideal, kleinere oder größere Hunde sind im Trümmergelände weniger beweglich.

Voraussetzung für die Ausbildung ist eine bestandene Begleithundeprüfung. Die Ausbildung besteht in der Hauptsache in der Gewöhnung an alle möglichen Umweltgegebenheiten und Einflüsse wie Feuer, Rauch, Lärm, Wasser usw. Die Hunde werden aus Hubschraubern abgeseilt und arbeiten unter Tage in eingestürzten Bergwerken. Man unterscheidet zwischen Flächensuche (RH-F) zum Auffinden vermisster Menschen und der

Trümmersuche (RH-T), wenn Menschen unter eingestürzten Häusern, Erdrutschen und dergleichen vermutet werden.

Der Hund lernt, Trümmergelände, in denen sich Helfer versteckt haben, abzusuchen, und wird für jede richtige Anzeige tüchtig gelobt und belohnt. Den Hunden macht es Spaß, etwas zu suchen und dann für ein Erfolgserlebnis belohnt zu werden. Nur nervlich und charakterlich einwandfreie, belastbare und ausdauernde Hunde, die ein inniges Vertrauensverhältnis zu ihrem Ausbilder haben, können diese Aufgaben bewältigen und unbeirrt unter höchster Konzentration nach Gerüchen fahnden, die auf Menschen, nicht etwa Tiere – tot oder lebendig – hinweisen.

Auf keinen Fall dürfen sie aggressiv reagieren, wenn gefundene Menschen in ihrer

Die Suricharbeit in Trümmern stellt besonders hohe Anforderungen an den Hund.
Er arbeitet selbstständig in gefährlichem Gelände und meldet durch Bellen einen Fund. Danach übernimmt der Rettungstrupp die Bergung.

Not beim Anblick eines großen, womöglich bellenden Hundes in Panik geraten und ihn ernsthaft bedrohen. Auch Artgenossen gegenüber müssen sie verträglich sein, denn es werden mehrere Hunde gleichzeitig eingesetzt, die sich nicht ablenken dürfen.

Ausbildung des Hundeführers

Der Hundeführer wird in Erster Hilfe, Trümmerkunde und moderner Kommunikationstechnik geschult. Er muss natürlich die Nasenarbeit des Hundes und das Verhalten von Geruchsmolekülen unter verschiedenen Witterungsverhältnissen kennen, um das Anzeigeverhalten seines Hundes richtig einzuschätzen. Jährlich wird die Tauglichkeit von Hund und Hundeführer überprüft.

Bei der Arbeit im Trümmergelände darf der Hundeführer seinen ohne Halsband und Leine selbstständig arbeitenden Hund wegen der Einsturzgefahr nicht begleiten. Zeigt der Hund ein mögliches Opfer an, wird ein speziell ausgebildeter Rettungstrupp zur Bergung herangerufen.

Rettungshundausbildung ist kein Freizeitspaß, denn man muss damit rechnen, über Nacht in Katastrophengebiete in aller Welt abgerufen zu werden.

Lawinenhunde

Diese Rettungshunde sind darauf spezialisiert, durch Lawinen verschüttete Menschen aufzufinden. Die Voraussetzungen sind die gleichen wie beim Rettungshund. Zusätzlich lernt er, sich im tiefen Schnee zu bewegen, per Sessellift, Gondeln und allen möglichen Pistenfahrzeugen zu reisen, ja sogar mit dem Fallschirm aus Hubschraubern an den Unfallort gebracht zu werden.

Bergrettungshunde

Bei dieser Flächensuche nimmt der Hund menschliche Gerüche auf, die der Wind heranweht – sei es von einer Person selbst, deren Kleidung, Gepäck usw. oder Fußspuren. Ein Mensch wird vermisst. Man vermutet seinen Verbleib in einem größeren Gebiet, das nur mit Hundertschaften der Polizei flächendeckend abgesucht werden kann – oder aber mit Hilfe einiger weniger Hunde! Im Sommer ist in den Alpen Hochsaison der Wanderer und Bergsteiger – und der Bergrettungshunde!

Wassersuchhunde

Der Hund sucht entweder schwimmend oder vom Bootsrand aus im Wasser vermißte Personen. Selten kommt er schnell genug zum Einsatz, um Leben zu retten. Leichen findet er, so lange ein Körper Verwesungsgase an die Wasseroberfläche abgibt.

Wasserrettungshunde

Sie sind darauf trainiert, Ertrinkende aus dem Wasser zu bergen, Boote an Land zu ziehen oder bei Überschwemmungen Verbindungen zu eingeschlossenen Menschen zu knüpfen wie Seile zu bringen usw. Das ist die Domäne des Neufundländers.

Mantrailer

Diese Hunde suchen und verfolgen nach einem vorgegebenen Individualgeruch vermisste Personen selbst durch Städte, über öffentliche Verkehrsmittel usw. sogar nach vielen Stunden mit Erfolg.

Von einem Spezialboot aus prüft Janosch die Wasseroberfläche nach aufsteigenden Gerüchen.

Blindenführhund

Behinderten-begleithunde

Hunde spielen für behinderte Menschen eine ganz besondere Rolle. Unvoreingenommen schenken sie Zuneigung und Vertrauen. Sie spüren die Besonderheit der Menschen und stellen sich darauf ein. Sie sind ihren Menschen nicht nur Gefährten, sondern erweisen sich in vielerlei Hinsicht als nützliche Helfer. Sie schenken dem Behinderten Lebensqualität, Unabhängigkeit und unterstützen das Selbstwertgefühl.

Selbst der kleinste Hund kann seinem behinderten Menschen durch seine Anwesenheit, Aufmerksamkeit und Liebe, nicht zuletzt durch die Aufgabe, sich mit dem Hund zu beschäftigen, Lebensmut und Lebensfreude schenken. Dabei bedeutet ein Kleinhund kaum eine Belastung für Betreuer und Pfleger.

Doch nicht nur das psychische Wohlbefinden verbessert ein Hund, er kann vor allen Dingen praktisch helfen.

Anders als in den USA, beruht die Ausbildung von Behindertenhunden hierzulande noch auf Einzelinitiativen. Bevorzugt werden Retriever, aber auch Kurzhaarcollies haben sich hervorragend bewährt. Die Welpen werden sorgfältig ausgewählt und in Gastfamilien aufgezogen. Danach folgt die gemeinsame Schulung des Hundes mit seinem künftigen Besitzer.

Die Ausbildung ist so vielfältig, wie Behinderungen sein können. An die 60 verschiedene Signale beherrscht solch ein Hund. Er hebt Dinge vom Boden auf, bringt alle möglichen Gegenstände heran, öffnet Türen, knipst Lichtschalter ein und aus, holt Hilfe heran und vieles mehr.

Hunde für Gehörgeschädigte z.B. machen ihren Besitzer darauf aufmerksam, wenn der Wecker oder das Telefon klingelt, die Türschelle läutet oder unbemerkt jemand ins Haus kommt.

Neu ist die Arbeit mit Führhunden für Alzheimer Patienten im Anfangsstadium. Die Hunde bringen ihre Menschen, die die Orientierung verloren haben – auf Eigeninitiative oder Funkruf – sicher nach Hause und ermöglichen den Menschen mehr Freiraum, was sich verzögernd auf den Krankheitsverlauf auswirkt.

Kurzhaar-Collie Callum kann seinem Frauchen beim Ausziehen von Schuhen und Strümpfen helfen.

Der Blindenführhund

Nach dem ersten Weltkrieg begann man in den USA mit der Ausbildung von Führhunden für Kriegsblinde. Heute sind Blindenführhunde so aktuell wie je. Tausende von Menschen sind von Geburt an blind oder erblinden durch Krankheit oder Unfall. Der Welpe verlebt das erste Lebensjahr bei einer „Patenfamilie". Es ist deren Aufgabe, den Hund mit der Umwelt vertraut zu machen und ihm eine gesunde, artgemäße Aufzucht und Erziehung im Hinblick auf seine spätere Aufgabe zukommen zu lassen, wie man es von einem wohlerzogenen Familienhund erwartet. Hat sich der Hund wunschgemäß entwickelt, wird er vom Tierarzt auf Herz und Nieren, insbesondere auf Hüftgelenksdysplasie geprüft, denn selbstverständlich werden nur vollkommen gesunde Hunde ausgebildet. Gelegentlich kauft man nach gründlicher Prüfung auch erwachsene Hunde.

Die Trainer einer Führhundschule halten und betreuen den Hund, als ob es ihr eigener wäre. Zur Aufgabe des Führhundes eignen sich nur ausgesprochen feinfühlige Tiere mit freundlichem, gelassenem Wesen, die nicht aggressiv sind. Entsprechend einfühlsam muss die Ausbildung betrieben werden. Nur über Belohnung und Spiel lernt der Hund. Er darf nie schlechte Erfahrungen machen oder die Lust verlieren, sonst kann er seiner späteren, schwierigen Aufgabe nicht gerecht werden.

Es dauert ein gutes halbes Jahr, bis der Hund vertrauensvoll einem Blinden an die Seite gegeben werden kann.

Nur ein Hundefreund in einer hundefreundlichen Familie findet im Blindenführhund die erhoffte Selbstständigkeit und Selbstsicherheit. Besteht keine tiefe Beziehung zum Tier, wird der Hund zu einer zusätzlichen Belastung, und all die Mühe der Ausbildung war umsonst.

Nasen für Kranke

Krankhafte Veränderungen im Körper verursachen offensichtlich individuelle Düfte, die ein Hund wahrnehmen kann. Speziell

Die Golden Retrieverhündin kennt die Namen der verschiedenen Gegenstände, die sie nach Bedarf sucht und bringt.

dafür ausgebildete Hunde riechen verschiedene Krebsarten, lange bevor sie mit herkömmlichen Methoden diagnostiziert werden.

Hunde erkennen Veränderungen im Blutzucker und können Diabetiker rechtzeitig warnen und sogar Medikamente bringen. Ebenso spüren sie plötzlichen Blutdruckabfall und herannahende epileptische Anfälle, so dass man Vorbereitungen treffen kann. Die Forschung befindet sich auf diesem weiten Gebiet des Einsatzes vierbeiniger Helfer erst am Anfang.

▶ Therapiehunde

Hunde werden häufig bei verschiedensten Therapien eingesetzt. Alleine die Anwesenheit und Zuwendung eines Hundes, sei es bei Behinderten, Alten oder gestörten Kindern, bewirkt erstaunliche Fortschritte in der Behandlung. Deshalb werden immer mehr freundliche, aufgeschlossene Hunde zur tiergestützten Therapie für den Einsatz in Pflegeheimen, Schulen, Kindergärten und anderen Einrichtungen ausgebildet.

Ein Hund
soll es sein

Labrador-Welpe

Verantwortung für ein Hundeleben

Es gibt viele Gründe für einen Hund. Es gibt ebenso viele dagegen! Bereut man den Kauf eines Autos, mag der Wiederverkauf nur mit finanziellem Verlust einhergehen. Doch hat man sich bei der Wahl des Hundes vergriffen, ist der Hund, der sich seelisch an uns bindet, der Leidtragende. Ein Hund ist hoffentlich 10 Jahre und mehr ein Familienmitglied und benötigt unsere Fürsorge.

Ich setze voraus, dass nur Tierfreunde mit dem Gedanken der Hundehaltung spielen. All jene, die im Hund lediglich ein Prestigeobjekt oder eine Alarmanlage sehen, kann ich nur warnen! Enttäuschung und Frust sind vorprogrammiert. Sie verdienen die Freundschaft eines Hundes nicht, der seinem Menschen Liebe ohne Erwartung irgendwelcher Gegenleistungen oder Gegenliebe schenkt.

Es gilt darum für den angehenden Hundebesitzer: Prüfen Sie sich und Ihre Lebensumstände sorgfältig – auch im Hinblick auf die nächsten 10 oder 15 Jahre. Wählen Sie Ihren Gefährten nicht nach dem Aussehen, sondern nur nach der „Zweckmäßigkeit" entsprechend Ihren persönlichen Gegebenheiten. Jedes Hundegesicht ist hübsch, wenn es uns liebevoll ansieht.

Nehmen und Geben

Hundehaltung hat nicht nur Sonnenseiten, wie bei schönem Wetter mit einem gehorsamen, von Passanten bewunderten Hund spazieren zu gehen und einen verständnisvollen Kameraden um sich zu haben, wann immer man dies wünscht.

Hunde schaffen soziale Kontakte. Hundebesitzer haben immer gemeinsame Themen, und oft ergeben sich daraus gute Freundschaften.

Dalmatiner lieben Spiel und Beschäftigung mit ihren Menschen und viel Gelegenheit zum freien Lauf. Gute Erziehung ist Voraussetzung, um ihre Jagdlust zu kontrollieren.

Hundehaltung bedeutet, sich auf die Bedürfnisse des Vierbeiners einzustellen, um ihm ein möglichst hundegerechtes Leben zu bieten, denn nur dann wird er trotz aller erstaunlicher Anpassungsfähigkeit gesund und glücklich sein – und nur an einem gesunden und glücklichen Hund kann man Freude haben. Dazu gehören eine gute Erziehung, die Sorge für die richtige Ernährung und Unterbringung.

Ein Hund kann krank werden und der Pflege bedürfen. Umgekehrt kann es Gelegenheiten im Leben geben, in denen man sich vorübergehend von seinem Hund trennen muss – z. B. bei einem Krankenhausaufenthalt. Wohin mit dem Hund?

Möchten Sie auf Reisen in ferne Länder verzichten und Ihre Ferien dort verbringen, wo sich auch Ihr Hund wohl fühlen kann? Wenn nein, wo soll Ihr Hund während Ihrer Abwesenheit bleiben? Bei Freunden, in der Familie, bei anderen Hundebesitzern im „Ferienaustausch“, in einer Hundepension?

Wohnen Sie zur Miete, klären Sie unbedingt vorher schriftlich ab, ob Vermieter und Mitbewohner gegen das neue Mitglied in der Hausgemeinschaft etwas einzuwenden haben.

Zwingt Sie Ihr Beruf, häufiger den Wohnsitz zu wechseln? Dann werden Sie sicher mit Problemen bei der Wohnungsfindung rechnen müssen. Sind Sie Hausbesitzer und ist Ihr Grundstück fest eingezäunt?

Und möchten Sie wirklich tagaus, tagein, Jahr für Jahr mit Ihrem Hund morgens, mittags und abends Gassi gehen und zusätzlich ausgedehnte Spaziergänge unternehmen? Macht es Ihnen wirklich nichts aus, düstere Wintermonate lang täglich in Matsch, Kälte und Regen mit Ihrem Hund zu wandern?

Für den Hund sind die Spaziergänge mit Ihnen gemeinsamer Jagdausflug und nicht nur „Löserunden“. Es ist nicht damit getan, ihn in den Garten zu lassen! Er liebt die Ausflüge über alles und hat kein Verständnis, wenn niemand Lust hat, mit ihm zu gehen. Seinen Unmut wird er nachdrücklich zu äußern wissen oder resignieren!

Der finanzielle Aufwand

Sind Sie bereit, die Kosten zu tragen, die eine hundegerechte Ernährung, Tierarzthonorare, Steuer, Versicherung, Zubehör wie Näpfe, Leinen, Hundebett, Bürsten etc. verursachen? Es lohnt sich, in einem Fachgeschäft die Preise zu erkunden und sich einmal anhand der Futterpackungsbeschreibungen auszurechnen, wie hoch die Futterkosten bei einem Hund der gewünschten Größe ungefähr kommen können.

Erfragen Sie in Ihrer Gemeinde die Höhe der Hundesteuer. Fragen Sie den örtlichen Tierarzt, was die Impfungen, Wurmkuren und andere Vorsorgemaßnahmen kosten.

Eine sinnvolle Beschäftigung für Retriever ist die Apportierarbeit mit dem Futterbeutel. Hier lassen sich Gehorsamsübungen mit dem Arbeitseifer und dem Vergnügen der Belohnung mit Futter verbinden.

Alle Hunde brauchen Pflege

Sehen Sie die Schattenseiten eines Hundefells? Langes Haar bringt viel Schmutz herein und bedarf regelmäßiger Pflege, kurzes und raues Haar zwar weniger, aber jeder Hund – mit wenigen Ausnahmen – verliert wenigstens zu Zeiten des Fellwechsels Haare. Hundehaare auf Kleidern, Möbeln und Teppichen sind nicht jedermanns Sache. Für Menschen, denen die Ordnung und Sauberkeit ihrer Wohnung über alles geht, bedeutet ein Hund eine ungeheure Mehrbelastung, die sie auf Dauer möglicherweise nicht zu ertragen bereit sind. Ständiger Familienkrach ist vorprogrammiert.

Oft wünschen sich die Kinder einen Hund. Doch gerade sie verlieren rasch das Interesse, und die Obhut des Hundes obliegt zwangsläufig der Hausfrau, die ihn den ganzen Tag um sich hat.

Deshalb ist es unerlässlich, dass ein „Familienrat" einberufen wird und jedes Für und Wider der Hundehaltung in die Waagschale geworfen wird. Wenn sich alle Familienmitglieder bewusst sind, dass ein Hund das gewohnte Familienleben gründlich umkrempelt, und jeder bereit ist, sein Scherflein dazu beizutragen, dass der neue Hausgenosse nicht zur Last wird, dann können Sie sich auf die Suche nach Ihrem Hund machen.

Der Wohnort ist bei der Auswahl des Hundes von großer Bedeutung. Ein großer Hund braucht naturgemäß viel Lebensraum und gehört nicht in eine Zweizimmerwohnung im 10. Stock. Ein lebhaftes Tier sollte nicht in der Stadt gehalten werden; man wird es schnell leid, jeden Tag mit dem Auto ins Grüne zu fahren. Wer meint, ein Garten reiche aus, der täuscht sich. Ein Hund verschafft sich allein längst nicht die Bewegung, die er braucht. Außerdem erfreut sich kein Gartenfreund an zertretenem Rasen und tiefen Löchern.

Überlegen Sie sehr gut, wohin Sie mit Ihrem Hund Spazierengehen können, ohne andere Menschen oder Tiere zu belästigen.

Hunde brauchen viel Zeit

Der wichtigste Faktor jedoch ist die Zeit: Zeit für den Hund, Zeit für Spaziergänge, Pflege und Erziehung. Ganztags berufstätige, allein stehende Menschen sollten auf den eigenen Hund verzichten. Man kann einen Hund nicht den ganzen Tag alleine in der Wohnung lassen, auch wenn man hin und wieder von Tieren hört, die damit „scheinbar" zufrieden sind. Die knapp bemessene Freizeit reicht nicht aus, um ihm die nötige Aufmerksamkeit zu schenken. Zwei Hunde sind keine Lösung – sie warten gemeinsam und machen noch mehr Arbeit.

Es ist schlimm genug, wenn die Umstände den Hundebesitzer irgendwann vor die Entscheidung stellen, ob man es versucht,

den Hund viele Stunden alleine zu lassen, oder sich lieber von ihm trennt. Aber von Anfang an mit der Duldsamkeit des Hundes zu rechnen, ist purer Egoismus zu Lasten des Hundes.

Bis zu vier Stunden kann man einen Hund dagegen sehr gut alleine lassen. Er braucht ohnehin viel Schlaf und Ruhe – vorausgesetzt, er bekommt ausgiebig Auslauf und Beschäftigung.

Die Erziehung des Hundes dauert ein Hundeleben lang und muss jeden Tag gefestigt werden. Das bedeutet intensiven Kontakt mit dem Vierbeiner, was für den Hundefreund gerade das Erquickende der Hundehaltung ist. Nicht jedem Menschen liegt es, die Führungsrolle zu übernehmen, die der Hund jedoch unbedingt braucht. Je nach Hundecharakter stellt eine mögliche ständige Konfrontation zwischen Mensch und Hund mit entsprechenden notwendigen Erziehungsmaßnahmen eine schwere Belastung dar.

Seien Sie auf der Suche nach einem passenden Partner ehrlich mit sich selbst – und vor allen Dingen nicht traurig, wenn mehr Umstände gegen als für eine Hundehaltung sprechen. Suchen Sie sich einen „Patenhund" zum Spazierengehen, dessen Besitzer nicht dazu in der Lage ist. Helfen Sie in einem Tierheim und erleichtern den älteren „Dauergästen" ihr tristes Dasein.

Verzicht auf den eigenen Hund bedeutet nicht Verzicht auf einen Hund – jede Art der Beschäftigung mit Hunden ist beglückend, wenn man es versteht, auf die Hundeseele einzugehen.

Die zugewiesenen Bälle müssen in ein Tor getrieben werden, von wo aus der Hundebesitzer den Hund lenkt. Nach einer Einführung braucht man dazu nur eine Wiese, Bälle und ein Tor.

Old English Bulldog-Welpe

Welcher Hund passt zu mir?

Jeder hat so seine Traumvorstellung vom eigenen Hund. Vielleicht hat man einen gesehen, den man wunderschön fand, oder einen kennen gelernt, der besonders liebenswert war. Aber nicht alle Hunde sind gleichermaßen gut als Familienbegleithunde geeignet, und nicht jeder Hundetyp passt zum Charakter seines Besitzers. Deshalb sollte man sich genau über die verschiedenen Rassen informieren.

Rassehunde

Das Wesen ergibt sich aus der Tätigkeit, für die ein Hund ursprünglich gezüchtet wurde. Selbst wenn die meisten Rassen seit über 100 Jahren diese Aufgaben nicht mehr erfüllen, ist das Verhalten noch mehr oder weniger stark ausgeprägt. Sich vom Aussehen leiten zu lassen, kann deshalb ein großer Fehler sein. Vielmehr heißt es zu prüfen:

- Für welchen Hund eigne ich mich mit meinen Möglichkeiten der Hundehaltung?
- Bin ich eher ein energischer Mensch, der sich gerne durchsetzt, oder halte ich mich lieber zurück, wenn es schwierig wird?

- Kann ich mit den Eigenarten eines Hundes leben, auch wenn sie für mich unbequem sind und eine Umstellung meines Lebensrhythmus verlangen, oder soll sich der Hund vollkommen an mich anpassen?

Erst wenn wir uns richtig einschätzen, sind wir in der Lage, den richtigen Hundetyp für uns zu wählen. Es gibt Menschen, die macht ein unterwürfiger, sensibler Hund aggressiv, während sie einen Draufgänger lieben. Andere Menschen wiederum verabscheuen den ständigen Machtkampf und sind eher nachgiebig – bei einem selbstsicheren und starken Hund eine riskante Einstellung! Passen Mensch und Hund nicht zusammen, wird das Zusammenleben zur Qual. Das Verhältnis wird meist frühzeitig gelöst und der Hund abgeschoben.

Informieren Sie sich über Hundeverhalten und die einzelnen Rassen. Setzen Sie sich mit den Rassezuchtvereinen in Verbindung, die Ihnen gerne Termine von Ausstellungen oder Treffs mitteilen, wo Sie viele Hunde und deren Besitzer kennen lernen. Sprechen Sie mit Menschen, die Erfahrung mit diesen Hunden haben und gerade keinen Hund verkaufen wollen, über die Vor- und Nachteile.

Lassen Sie sich nicht von einem einzelnen Hund beeindrucken, den Sie zufällig einmal kennen gelernt haben. Selbst innerhalb einer Rasse gibt es individuelle Unterschiede: Manche zeigen die rassetypischen Eigenschaften besonders ausgeprägt, manche gar nicht.

Bernhardiner brauchen sehr viel Lebensraum, um sich zu entfalten. Aufgrund ihres dicken Fells, lieben sie die kühleren Regionen.

Es ist deshalb wichtig, dass Sie sich Zeit nehmen, Rasseveranstaltungen und verschiedene Züchter zu besuchen.

Mischlingshunde

Etwas über Rassehunde zu lernen ist auch dann nützlich, wenn man einen Mischlingshund sucht, da jeder ein Produkt irgendwelcher Rassehunde ist.

Mischlinge sind in Verhalten und Aussehen immer für eine Überraschung gut. Wer keinen Zwängen unterlegen ist, findet sicher im Tierschutz einen Gefährten. Leider werden Mischlingshunde dem Trend entsprechend vermarktet. Dabei werden Rassen ohne Verstand gemischt, oft mit problematischen Folgen! Angebote sollte man sorgfältig und kritisch prüfen!

Mischlinge weisen nicht die übertriebenen, oft ungesunden Rassemerkmale ihrer reinrassigen Vorfahren auf. Sie sind jedoch nicht generell gesünder und brauchen eine genauso sorgfältige Ernährung und tierärztliche Betreuung. Beim Mischlingshund spart man höchstens den Anschaffungspreis.

Größe und Pflegeaufwand

Ein großer Hund stellt sehr viel höhere Ansprüche an den Hundehalter: mehr Lebensraum, höherer Futterverbrauch, etwas intensivere Erziehung, mehr Platz im Auto, besondere Berücksichtigung bei der Urlaubsplanung, mehr Schmutz in der Wohnung.

Ein kleiner Hund passt sich leichter an Ihre Lebensbedingungen an und erfüllt all die gefühlsbedingten Bedürfnisse, die wir an den Hund stellen, genauso wie ein großer. Er ist ein zärtlicher Ansprechpartner, verleitet uns zu Spaziergängen, ist wachsam, meist langlebiger und gesünder als die Riesen.

Ein großer Vorteil ist, wenn man den Hund im Krankheitsfall, auf Rolltreppen usw. tragen kann. Für ältere oder behinderte Menschen ist in jedem Fall ein kleiner Hund der geeignetere Partner. Und im Notfall finden sich eher liebe Menschen für die Betreuung.

Kurz-, stock- und rauhaarige Hunde sind pflegeleicht. Kurzhaarige Hunde ohne Unterwolle sind hitze- und kälteempfindlich. Kurze Haare machen mehr Mühe als leicht aufzunehmende längere Haare. Stockhaarige Hunde stoßen beim Fellwechsel Berge von Haaren ab.

Langhaarige Hunde müssen regelmäßig gründlich gekämmt oder gebürstet werden und bringen bei schlechtem Wetter sehr viel Schmutz in die Wohnung. Kraushaarige Hunde haaren nicht, müssen jedoch sorgfältig gekämmt und regelmäßig geschoren werden. Rauhaarige Hunde verlieren kaum Haare, wenn sie bei einsetzendem Fellwechsel getrimmt werden. Trimmen und Scheren kann man mit etwas Geschick lernen.

Die entzückenden Havaneser (oben) brauchen sehr viel Pflege, die Bordeaux Dogge (unten) wird gelegentlich gestriegelt.

Welpe oder erwachsener Hund?

Am schönsten, aber auch am arbeitsintensivsten ist es, einen Welpen aufzuziehen. Er gewöhnt sich an uns, passt sich unseren Lebensgewohnheiten am besten an, und man kann seine Erziehung frühzeitig im Spiel beginnen. Für eine Familie mit kleinen, noch unverständigen Kindern sollte man einen etwas älteren Junghund wählen, der vorzugsweise von einem Züchter stammt, der selbst solche Kinder hat. Erwachsene Hunde werden aus den verschiedensten Gründen abgegeben. Man kann wahre Glücksgriffe tun. Doch weiß man nichts über die Vorgeschichte, muss man das Risiko eingehen, dass der Hund aufgrund schlechter Erfahrung irgendwelche Ängste hat und in bestimmten Situationen unberechenbar reagiert.

Rüde oder Hündin?

Rüden sind das ganze Jahr über fortpflanzungsfähig. Sie haben ständig damit zu tun, Duftspuren nachzugehen. Wenn darunter die einer läufigen Hündin ist, scheint der Verstand auszusetzen. Oft sind dann Gehorsam und Treue vergessen.

Hündinnen werden ein- bis zweimal im Jahr läufig. Manche Hündinnen halten sich so sauber, dass sie in der Wohnung kaum Spuren hinterlassen, andere tröpfeln, wo sie gehen und stehen, insbesondere liegen. Hier hilft ein Höschen aus dem Zoofachgeschäft. Chlorophylltabletten aus dem Fachhandel un-

terbinden die für den Menschen nicht wahrnehmbare, für den Rüden jedoch umso verlockendere Duftspur. Trotzdem heißt die Devise aufpassen vom ersten Blutstropfen an bis zu dem Tag, an dem die Hündin die Rüden wütend abbeißt.

Durch die Hormonschwankungen bedingt, verändern sich Hündinnen während des Zyklus mehr oder weniger im Verhalten, was besonders für engagierte Hundesportler ein Nachteil ist.

Obwohl es auch „Giftnudeln" unter den Hündinnen gibt, sind Rüden hitzköpfiger und legen sich eher mit Kollegen an. Hündinnen sind in dieser Beziehung etwas umgänglicher, aber es können sich zwischen bestimmten Hündinnen Feindschaften entwickeln. Kommt es hier zum Kampf, wird er heftig ausgetragen, während Rüden sich meist mit einer Art Ritualkampf, der unblutig endet, zufrieden geben.

Rüden und Hündinnen raufen normalerweise nicht miteinander, auch wenn die Hündin den aufdringlichen Kavalier wütend anzugreifen scheint. Der Rüde nimmt die Ohrfeigen gelassen entgegen. Kastrierte Rüden mit weiblichem Geruch werden von Rüden meist freundlich wahrgenommen, aber es gibt Hündinnen, die sie deshalb nicht mögen!

Geht es um das eigene Revier, verteidigen Rüden und Hündinnen gleichermaßen zuverlässig. Je nach territorialer Veranlagung sind sie Hunden – auch Welpen – gegenüber aggressiv, egal welches Geschlecht.

Rüden neigen eher dazu, im Rudel eine Führungsposition einzunehmen und zu verteidigen. Die Erziehung des Rüden erfordert daher meist ein wenig mehr Durchsetzungsvermögen und Konsequenz. Hündinnen sind meist feinfühliger, weniger ungestüm, auch körperlich kleiner und schwächer als Rüden gleicher Rasse. Beide sind gleichermaßen verschmust und anhänglich.

Familien mit kleineren Kindern und ältere Menschen, die nicht ausgesprochen hundeerfahren sind, sollten in jedem Fall eine unterordnungsbereite Hündin vorziehen.

Wenn keine triftigen Gründe für das eine oder andere Geschlecht sprechen, folgen Sie Ihrem Herzen und entscheiden sich für den Welpen, der Ihnen am besten gefällt.

Kind und Hund

Mit einem Hund aufzuwachsen, ist für ein Kind eine wichtige und schöne Erfahrung, die die Eltern, wenn irgend möglich, gewähren sollten – aber nur unter gewissen Voraussetzungen. Zunächst sollen auch die Eltern Hundefreunde sein und sich den Hund wünschen. Sich breitschlagen zu lassen und zu hoffen, dass das Kind die volle Verantwortung für Erziehung, Fütterung und Pflege übernimmt, ist unrealistisch und führt zu unüberwindbaren Spannungen in der Familie. Die Hauptbelastung wird immer die Hausfrau tragen.

Kinder verlieren rasch die Lust an den täglichen Routineaufgaben der Hundehaltung, meist sind sie neben der Schule mit vielen Verpflichtungen belastet, so dass für den Hund ohnehin wenig Zeit bleibt. Ein harmonisches Zusammenleben mit Kind und Hund wird es nur geben, wenn die Eltern selbst Freude am Hund haben. Ein Hund wird bis zu 15 Jahre alt, möglicherweise sind die Kinder bis dahin längst aus dem Haus, wohin dann mit dem Hund?

Wenn der Hundewunsch von den Eltern ausgeht, so sollte das Kind nicht zu klein sein, denn Krabbelkinder und Welpen kosten viel Zeit und Nerven. Mit ihren nadelspitzen Zähnchen können Welpen schon schmerzhaft zwicken. Besser ist es zu warten, bis das Kind verstehen kann, warum es gewisse Dinge mit dem Hund nicht tun soll.

Die meisten der sehr seltenen tödlichen Unfälle passieren mit Säuglingen, die mit dem Hund alleine gelassen wurden. Man vermutet, dass die Kinder durch Bewegung und Laute den Beutetrieb des Hundes auslösen.

Selbstverständlich darf man Hunde, zu denen sich ein Baby zugesellt, nicht vernachlässigen und aussperren, sondern muss ihnen das neue Familienmitglied vorstellen. Alle Hunde lieben die Kinder ihrer Familie, selbst die gröbsten Rüpel gehen erstaunlich zärtlich mit den Kleinen um. Dennoch darf man Kind und Hund nie unbeaufsichtigt lassen, um eventuell aufkommende missverständliche Situationen verhindern zu können. So haben Kinder nichts am Futternapf zu suchen und die Ruhe des Hundes auf seinem Schlafplatz zu akzeptieren.

Vorsicht mit fremden Kindern! Viele Hunde unterscheiden sehr genau zwischen den eigenen und fremden Kindern, denen sie weniger friedfertig gegenübertreten. Niemals dürfen Kinder in Gegenwart des Hundes zanken oder Raufspiele ausfechten. Fühlt sich der Hund genötigt einzugreifen, kann das für die Kinder blutig enden.

Im „Familienrudel" genießen Kinder und Welpen bei erwachsenen Hunden eine gewisse Narrenfreiheit. Wann diese Zeit aufhört und der Hund erzieherisch eingreift, ist nicht vorausbestimmbar. Deshalb müssen Erwachsene immer ein wachsames Auge auf Kind und Hund haben!

Ab dem 12. Lebensjahr kann man Kinder unter Anleitung und Aufsicht in Erziehung und Pflege einbeziehen. Alleine ausführen sollten sie den Hund nicht. Empfehlenswert sind Aktivitäten in Hundesportvereinen.

Eine dicke Freundschaft bahnt sich an.

Kromfohrländer

Augen auf beim Hundekauf

Welpen kauft man nur beim Züchter – aber darin liegt schon das Problem, denn „Züchter" ist kein geschützter Begriff! Unter Züchtern finden wir Menschen, die gerne einmal Welpen von ihrer Hündin haben wollen, solche, die Hunde ausschließlich zum Verkauf vermehren und solche – das sind die eigentlichen Züchter –, die sich einer Rasse verschrieben haben und sich bemühen, gesunde Hunde zu züchten.

Kauf beim Züchter

Züchter betreiben einen erheblichen Aufwand und scheuen sich nicht, viele Hundert Kilometer zum passenden Partner für ihre Hündin zu fahren. Sie ziehen die Welpen mit großer Sorgfalt auf und verkaufen sie noch lange nicht an jeden. Es sind sicherlich nicht die schlechtesten Züchter, die Sie ausfragen, als wollten Sie ein Baby adoptieren. Oft besitzen solche Züchter mehrere Generationen ihrer Hunde und weisen mit besonderem Stolz auf Groß- oder gar Urgroßmutter hin.

Natürlich muss ein Züchter seine Welpen zu einem angemessenen Preis verkaufen. Würde er die Zeit, die er in sein Hobby investiert, auch noch berechnen, könnte sich kaum jemand einen Rassehund leisten. Bei engagierten Züchtern sind die Wartezeiten oft lang und die Welpen nicht billig. Aber man sollte ohnehin nie überhastet kaufen, und der Anschaffungspreis ist, auf das Leben des Hundes gerechnet, die geringste Ausgabe. Treffen Sie die falsche Wahl, haben Sie ein Hundeleben lang Zeit, sich zu ärgern.

Kennenlernen des Züchters

Besorgen Sie sich beim Rassezuchtverein (Adressen erhalten Sie über den VDH, siehe S. 135) Züchteradressen und knüpfen Sie auf Ausstellungen Kontakte.

Der Züchter soll mit seinen Hunden leben und sie nicht irgendwo wie Nutzvieh halten. Bitten Sie darum, die erwachsenen Hunde sehen zu dürfen, die alle gut gepflegt sein sollen. Kein Tier darf scheu oder bissig

Diese Wäller-Welpen üben Sozialverhalten in sehr gehemmter, nicht aggressiver Form. Mal ist der eine, mal der andere der „Überlegene". So lernen beide den richtig dosierten Einsatz ihrer Zähne und ihrer Körperkraft. Auch die Geschicklichkeit wird geübt.

sein. Bei den ausgesprochenen Schutzhund-
rassen darf man anfangs Abwehrverhalten
hinnehmen, doch müssen sich die Hunde
nach kurzer Zeit in Anwesenheit des Züchters ruhig und gelassen zeigen. Es ist kein
gutes Zeichen, wenn der Züchter keinerlei
Kontrolle über seine Tiere hat. Die Hunde
sollten sich in Gegenwart des Besitzers
Fremden gegenüber neugierig und unbefangen verhalten und ein offensichtlich gutes
Verhältnis zum Züchter haben.

Die Mutterhündin sollte unbedingt da
sein, während der Vater selten in der Zucht-
stätte steht. Die Unterkünfte sollten hell, luf-
tig, geräumig und sauber sein. Ungereinigte
Futterschüsseln, Kot und Urin zeugen von
mangelnder Sorgfalt. Die Möglichkeit zu frei-
em Auslauf muss gegeben sein.

Die Qual der Wahl

Gesunde Welpen haben weder tränende
Augen, noch triefende Nasen oder kotver-
schmiertes Fell. Zahnfleisch und Schleim-
häute sind rosig, der Hund kratzt sich nicht,
das Fell ist frei von Schuppen, Schorfen oder
kahlen Stellen. Die Welpen fassen sich fest
fleischig an. Ein aufgeblähter Bauch deutet
auf Wurmbefall hin.

Die Welpen sollten kontaktfreudig mit
Menschen umgehen und nicht scheu zurück-
weichen. Ältere Menschen oder Familien mit
Kleinkindern sollten einen ruhigen, ausgeglichenen Hund suchen, Familien mit größeren
Kindern dagegen einen lebhaften, kontakt-
freudigen Welpen bevorzugen.

Ein guter Züchter wählt mit großer Sorgfalt die Besitzer seiner „Babys" aus, die ein glück-liches Hunde-leben führen sollen.

Kaufen Sie nur dort, wo Sie sich wohl fühlen, und nie mit ungutem Gefühl, nur weil
gerade Welpen da sind. Fragen Sie den Züchter alles, was Sie wissen möchten, schildern
Sie Ihre Lebensumstände und diskutieren Sie
mit ihm über Ihre Vorstellungen zur Persönlichkeit des Hundes. Er wird Ihnen nach bestem Wissen und Gewissen den für Sie ge-
eigneten Welpen aussuchen helfen, denn er
kennt seine Tiere ganz genau. Der Vorteil
eines Züchters ist, dass Sie mit allen Problemen und Sorgen, die im Laufe des Hundele-
bens auf Sie zukommen, auf seine Erfahrung
und Kenntnisse zurückgreifen dürfen.

▶ Kaufvertrag

Besiegeln Sie den Welpenkauf mit
einem Kaufvertrag, der bestätigt,
dass der Welpe zum Zeitpunkt der
Übergabe entwurmt, frei von Ungeziefer, sichtbaren Krankheiten und
Mängeln ist, sowie die seinem Alter
entsprechenden Impfungen erhalten
hat. Welpen dürfen nur geimpft abgegeben werden. Lassen Sie sich
den Kaufpreis quittieren, Ahnentafel,
Heimtierausweis und Futterplan
aushändigen.

Liebevoll angelegtes Gehege für die American Cocker Spaniel Welpen.

Ein Hund aus dem Tierheim

Wer Hundeerfahrung hat und sich gut auf Überraschungen einstellen kann, findet im Tierheim bestimmt einen passenden Vierbeiner. Leider weiß man in den seltensten Fällen etwas über die Vorgeschichte und muss ganz von vorne anfangen. Das erfordert viel Geduld und Fingerspitzengefühl, manche Verhaltensweisen sind gar nicht zu verändern.

Wichtig ist, den neuen Hausgenossen nicht mit Liebe und Aufmerksamkeit zu überhäufen und ihn so richtig zu verwöhnen, auch wenn das schwer fällt. Am besten beachtet man ihn gar nicht, damit er in Ruhe alles Neue erkunden und sich auf die Familie einstellen kann. Wird er zum Mittelpunkt gemacht, hebt das sofort seinen Rang und verunsichert ihn, da er sich noch nicht einordnen konnte. Spätestens nach zwei Wochen hat er alle Familienmitglieder eingeschätzt und seinen Platz im Rudel gefunden. Das ist die kritische Phase, in der oft Tiere zurückgebracht werden, weil der zunächst so brave, unscheinbare und folgsame Hund plötzlich unerwünschte Verhaltensweisen zeigt.

Man beginnt mit der Erziehung wie bei einem Welpen am 1. Tag in kleinen Schritten und muss für den Hund eindeutig und konsequent sein, was nicht streng bedeutet! Vertrauensaufbau ist ganz wichtig. Es dauert meist länger als vermutet, bis die Bindung geknüpft ist. Beim Spaziergang sollte man ihn deshalb nicht zu früh von der Leine lassen! Die Straßenhunde haben meist ein intaktes Sozialverhalten Hunden gegenüber, zei-

gen aber häufig starke Fluchttendenz und sind oft passionierte Jäger. Beziehungsaufbau und Schleppleine sind zunächst angesagt.

In jedem Fall sollte der Hund ein Gesundheitszeugnis vom Tierarzt haben und geimpft und entwurmt sein. Bei Hunden aus dem Süden besonders auf die Kontrolle der dort vorkommenden Erkrankungen Wert legen!

Fahrt ins neue Heim

Holen Sie Ihren Welpen per Bahn ab, darf er im Abteil auf Ihrem Schoß sitzen. Einfacher ist es jedoch, ihn per PKW abzuholen. Fahren Sie mit einem Begleiter, um dem Welpen auf dem Heimweg die volle Aufmerksamkeit schenken zu können. Bitten Sie den Züchter, ihn einige Stunden vor dem Abholen nicht zu füttern, und legen Sie den Platz im Wagen, auf dem der Welpe liegen soll, vorsichtshalber mit Zeitungspapier aus, falls der Welpe sich erbricht. Haben Sie für alle Fälle eine Rolle Papierhandtücher parat.

Auf eine längere Fahrt nehmen Sie eine Schüssel und eine Flasche Wasser mit, um bei den Pausen unterwegs Wasser reichen zu können. Dass vorsichtig und sanft gefahren werden muss, sollte selbstverständlich sein. Machen Sie in regelmäßigen Abständen kleine Pausen und geben ihm Gelegenheit zum Lösen – natürlich nur an der Leine. Meiden Sie Plätze, wo schon viele Hunde ihre Visitenkarte hinterlassen haben.

Sprechen Sie freundlich mit Ihrem Welpen und streicheln Sie ihn, damit er sich nicht so verlassen vorkommt.

Der kleine Briard wird an die Transportbox im Auto gewöhnt.

Die ersten Tage zu Hause

Nehmen Sie sich in den ersten Tagen Zeit für den Welpen. Besucher sind unerwünscht, denn der Neuankömmling soll seine neue Umgebung ungestört erkunden. Lassen Sie ihn dabei eigene Wege gehen, aber niemals aus den Augen. Zeigen Sie ihm vorerst nur seinen Schlaf- und Essplatz sowie den ihm zugedachten Löseplatz. Keinesfalls darf er mit Aufmerksamkeit überhäuft werden. Das verunsichert ihn nur.

Schaffen Sie für Ihren neuen Gefährten einen Platz in einer zugfreien Ecke (nicht unmittelbar an der Heizung), auf den er sich ungestört zurückziehen kann.

Der Hundebedarfs- und Zoofachhandel bietet eine breite Palette von Hundebetten an. Schutz vor Bodenkälte und Feuchtigkeit muss gewährleistet sein.

Hunde brauchen viel Schlaf, ganz besonders aber der Welpe, der den Schlaf nur für kurze Spielperioden und zum Futtern unterbricht. Hunde, die in einer lebhaften Familie leben und sich nicht entspannen können, gedeihen weniger gut und werden nervös, schlimmstenfalls sogar bissig. Kinder sollten den Hund deshalb am Schlafplatz nie stören. Lehnt der Hund den Platz ab und bevorzugt einen anderen, geben Sie ihm nach, sofern er nicht zu sehr stört. Keinesfalls darf er im Eingangsbereich oder einer strategisch zentralen Stelle liegen, von wo aus er Familie und Haus kontrolliert.

Immer gut untergebracht

Praktisch sind Hundetransportkisten aus Kunststoff. Hunde fühlen sich in diesen „Höhlen" ausgesprochen wohl, sie sind leicht sauber zu halten, und der Hund kann kurzfristig sicher untergebracht werden. Besonders gut bewähren sie sich auf Reisen, auseinandergenommen beanspruchen sie wenig Platz und Ihr Hund hat im Urlaub sein gewohntes Haus. Besonders in Hotels wird ein so untergebrachter Hund sehr geschätzt! Praktisch im Sport und unterwegs sind zusammenfaltbare Boxen aus Textilmaterial.

▶ Das richtige Spielzeug

Welpen wollen und müssen spielen. Gummibälle, die zerbissen und verschluckt werden können, sind sehr gefährlich. Ebenso Kinderspielzeug und Stofftiere, die der Kleine im Handumdrehen in seine Bestandteile zerlegt. Verschluckte Glasaugen, Drahtstücke und Plastikteile können zum qualvollen Tod führen. Elektrokabel dürfen für den jungen Hund nicht erreichbar sein. Grundsätzlich sollten Sie alles vom Hund fernhalten, was auch einem Kleinkind gefährlich werden könnte. Fellreste, alte Handtücher, Lebensmittelkartons (mit lebensmittelechter Farbe bedruckt und ohne Plastikzusätze) oder Büffelhauterzeugnisse sind ungefährlich und bieten dem Welpen genug Abwechslung, bis seine neuen Zähne durchgebrochen sind und das zwanghafte Nagen im Alter von etwa sechs Monaten abklingt.

Hier schmeckts dem Hund

Legen Sie von Anfang an einen Platz für Futter- und Wasserschüssel fest, der Ihnen praktisch erscheint. Viele Hunde mögen keine Zuschauer und Unruhe beim Essen. Wenn Ihr Hund schlecht frisst, kann es auch daran liegen, dass ihm der Platz nicht behagt. Versuchen Sie es bei seinem Schlafplatz, insbesondere da es Hunde gibt, die lieber unbeobachtet in der Sicherheit der Nacht fressen.

So wird er stubenrein

Überlegen Sie schon vor der Ankunft, wo sich der Hund künftig lösen soll. Soll es der Garten sein, schaffen Sie einen Löseplatz, den Sie mit Sand und Kies aufschütten. Sie können ihn besser sauber halten und ggf. erneuern. Außerhalb des eigenen Grundstücks sollte der Löseplatz nicht zu weit entfernt sein, damit er zu jeder Tages- und Nachtzeit rasch zu erreichen ist. Er darf jedoch keine Mitmenschen stören.

Welpen können noch keine festen Lösezeiten einhalten. Deshalb ist es wichtig, den kleinen Neuankömmling von der ersten Minute an im Auge zu haben. Er „muss" immer dann, wenn er gefressen hat, aufwacht, im Spiel plötzlich still innehält, sich im Kreise dreht oder unruhig wird.

Jetzt heißt es schnell reagieren, ihn auf den Arm nehmen – vor Schreck vergisst er sein Vorhaben im Moment – und ihn auf den ihm zugedachten Löseplatz setzen. Es kann

Dana unterbricht ihr Spiel und steht unschlüssig vor der Tür. Sie zeigt an, dass sie nach draußen muss.

eine Weile dauern, bis er sich auf sein eigentliches Vorhaben besinnt, aber ist die erste Duftmarke gesetzt, wird es einfacher. Nun wird er tüchtig gelobt.

Erwischt man ihn gerade auf frischer Tat, bringt man ihn ohne Kommentar rasch zum Löseplatz. Danach wird ganz toll gelobt. Waren Sie unachtsam und das Malheur ist passiert, schimpfen Sie nicht, sondern entfernen es ohne Kommentar, und zwar geruchlos mit Hilfe von Essigwasser.

Für den Welpen sind seine ureigenen Bedürfnisse keine Straftaten, er wird Ihren Zorn nicht mit seiner Tat verbinden. Er wird aber sehr wohl Ihren Unmut mit dem Entdecken des Häufchens verbinden und es das nächste Mal vor Ihnen zu verstecken suchen. Füttern Sie die letzte Mahlzeit wenigstens

▶ Kleine Bettler

Futterbetteln ist für Hunde normal. Die Welpen veranlassen damit die erwachsenen Hunde, Futter vorzuwürgen und müssen sich gegen die Geschwister energisch durchsetzen. Dana bettelt demnach mit Nachdruck. Warum sollte man sie strafen? Sie wird lernen, dass sie keinen Erfolg hat, wenn man konsequent jede Aufdringlichkeit bei Tisch ignoriert und niemals einen Bissen fallen lässt.

Schon der Welpe kann lernen, sich hinzulegen und auf seine Belohnung zu warten. Dies sollte man gezielt bei den Mahlzeiten üben und mit kurzen Wartezeiten beginnen. Ziel ist, den Hund abliegen zu lassen. So kann er vor sich hin betteln und keiner merkt es! Gibt es einen für ihn bekömmlichen Rest, wird er nach dem Essen damit für sein braves Liegenbleiben belohnt.

Beißen in die Bürste darf nicht geduldet werden. Der Ball lenkt den kleinen Welpen ab und er lässt sich bürsten.

vier Stunden vor dem Schlafengehen, so dass sich der Welpe noch einmal lösen kann und durchschläft.

Gewöhnung an Halsband und Leine

Der ganz kleine Welpe bekommt ein weiches Leder oder Nylonhalsband zum Schnallen, das der wachsenden Halsweite so angepasst wird, dass er mit dem Kopf nicht durchschlüpfen kann. Ich bevorzuge ein Brustgeschirr, das größere Sicherheit bietet und den Kopf für hündische Kommunikation frei lässt. Es genügt eine leichte Leine.

Die Auswahl der Halsbänder in Leder, Nylon oder Ketten für den erwachsenen, wohlerzogenen Hund ist schier unerschöpflich. Dazu gehört eine etwa 2 m lange Leine, deren Ende sich in verschiedene Ringe einhaken lässt. So haben Sie den Hund stets sicher im Griff und können die Leine nach Wunsch verlängern. Während der Pubertät, und bei jagdlich ambitionierten Hunden ist es ratsam, den Hund an eine Schleppleine zu nehmen. Flexileinen sollten nur in besonderen Fällen bei gut erzogenen Hunden benutzt werden – keinesfalls bei Welpen!

Vorsicht vor spitzen Zähnchen

Welpen lernen im Spiel mit den Geschwistern, die Heftigkeit ihres Zubeißens zu kontrollieren. Für das Leben in der Gruppe unerlässlich, da niemand „aus Versehen" ver-

letzt werden soll. Beißt ein Welpe zu heftig zu, wird er entweder noch heftiger zurückgebissen, oder der gebissene gibt auf – in jedem Fall ist das Spiel beendet. Er lernt so, wie weit er gehen darf, um weiter spielen zu können. Dieses „Spiel" ist in Wahrheit Lebenstraining. Deshalb ist es ein gefährlicher Trugschluss anzunehmen, ein Welpe wolle „nur spielen", wenn er Kinder in die Hacken zwickt, an Händen knabbert oder in die Leine beißt. Für ihn ist es ein Austesten, wie weit er gehen kann, das unbedingt von klein an unterbunden werden muss. Nicht jedes „kleine Krokodil" wird ein bissiger Hund, aber bei vielen Hunden mit entsprechender Persönlichkeit sind das die Anfänge, die man als solche erkennen muss. Im Hunderudel knurrt und beißt nur der Überlegene. Deshalb muss der Welpe vom ersten Tag an durch heftiges Knurren erfahren, dass Sie seine Beißereien nicht hinnehmen.

Nach dem Spaziergang werden dem Australian Shepherd Welpen Dana die Pfoten abgeputzt.

Landseer

Gesunde Ernährung

Der Hund ist von Hause aus Fleischfresser, was aber nicht bedeutet, dass er sich ausschließlich von Muskelfleisch ernährt. Ahnherr Wolf frisst vom Beutetier, das in aller Regel ein Pflanzenfresser ist, zuerst die Innereien mit Resten des halb- oder ganz verdauten pflanzlichen Magen- und Darminhalts, kleine Beuetiere komplett. Wie der Wolf, fressen auch Hunde gerne Kräuter, Gräser, Beeren und Pilze.

Frischfutter

Rohkost ist die natürliche, gesunde Ernährung des Hundes. Kochen zerstört lebenswichtige Inhaltsstoffe der Nahrung und kommt in der Natur nicht vor. Wichtig ist, abwechslungsreich zu füttern, damit der Hund alle notwendigen Nährstoffe, Vitamine und Mineralstoffe bekommt. Das bedeutet nicht, dass man all die verschiedenen Nahrungsmittel in einem Topf vermischt. Im Gegenteil, die Nährstoffe werden besser verarbeitet, wenn sie nicht alle gleichzeitig kommen. Im Verlauf von einigen Tagen oder Wochen sollte er von jedem etwas bekommen. Abwechslungsreiche Kost sorgt für die Zufuhr aller wichtigen Stoffe.

▶ Futterzusammensetzung

Die ursprüngliche Ernährungsweise des Hundes nachempfindend, sollte das Futter im Schnitt aus

▸ 60 % rohen Fleischknochen,

▸ 20 % rohem Gemüse und Obst,

▸ 15 % rohen Innereien,

▸ 5 % Essensresten und/oder anderen Zugaben bestehen (nach Dr. Ian Billinghurst, BARF)

Fleisch und Fleischknochen

Das Verhältnis Fleisch und Knochen sollte im Schnitt 1:1 betragen und Knochen stets in ihrem fleischigen Umfeld gefüttert werden, z. B. Hähnchen- und Putenflügel, -hälse, -rücken, -karkassen, Lammrippchen, Stross (Kehlkopf mit Luft- und Speiseröhre – bitte aufschneiden – vom Rind oder Kalb). Die Knochen sind als Lieferant von Mineralien und Vitaminen unerlässlich!

Das ideale Verhältnis von Fleisch zu Knochen bieten Hähnchenflügel. Bis sich der Hund daran gewöhnt hat, sie langsam zerkleinernd zu verzehren, sollten sie sorgfältig mit einem Fleischklopfer oder im Mixer zerkleinert werden. Bekommt man Knochen mit

Der Lagotto Romagnolo ist spezialisiert auf das Suchen wertvoller Trüffel.

nur wenig Fleisch, muss man mit magerem Muskelfleisch auffüllen.

Geeignet sind alle Teile von Schlachttieren (Rind, Schaf, Ziege, Pferd), Kaninchen, Wild, Geflügel und Fisch. Rohes Fleisch darf ruhig schon etwas „angegangen" sein.

Schweinefleisch gehört nicht auf den Futterplan wegen der für den Hund (nicht für den Menschen) tödlichen Aujeszkyschen Krankheit. Wild sollte man nur füttern, wenn es für den menschlichen Genuss freigegeben ist. Geflügel nur aus Quellen für den menschlichen Bedarf beziehen und wegen eventueller Salmonellengefahr für die Familie sorgfältig hygienisch damit umgehen. Der Organismus des gesunden Hundes ist darauf eingestellt, mit diesen Erregern fertig zu werden.

Fisch

Sorgfältig entgrätet bietet er eine willkommene Abwechslung. Trockenfisch ist als Rohprodukt zu empfehlen.

Innereien

Etwa 15 % der Nahrung sollte aus rohen Innereien wie Leber, Herz und Niere bestehen. Gekochte Lunge eignet sich als Diätfutter für dicke Hunde, da sie kaum Nährwert hat. Nieren weisen als Ausscheidungsorgan häufig einen besonders hohen Anteil an Schadstoffen auf, daher nur gelegentlich in kleinen Mengen füttern.

Frischer grüner Pansen und Blättermagen mit vorverdautem Gras sind auch auf Dauer auf vielfältige Weise gesund und preiswert.

Fette

Fette liefern Energie und sind zur Aufnahme der fettlöslichen Vitamine notwendig. Ranziges Fett zerstört die Vitamine und schadet dem Hund. Eigelb enthält wertvolle Fette. Die wichtigen Omega-3-Fette sind in Lachsöl und roher Geflügelhaut enthalten. Sie stärken das Immunsystem.

Gemüse und Obst

20 % der Nahrung sollte aus stärkearmem Gemüse und reifem Obst bestehen, das allerdings im Mixer fein püriert werden muss. Es ist allerdings kein Ersatz für anverdauten Mageninhalt. Bei Hunden mit ungesunder Besetzung der Darmflora (falsche Ernährung, Chemikalien, Medikamente etc.) kann es zu gesundheitsschädlichen Gärprozessen im Darm kommen.

Essensreste und andere Zugaben

Seit der Hund beim Menschen lebt, lebt er von dem, was übrig bleibt. Reste von gesunder Kost – keine Industrienahrung – schaden auch dem Hund nicht.

In der Natur frisst der Hund Kot, Aas und Erde. Kot enthält hochwertiges Eiweiß, essentielle Fettsäuren, Vitamin B und Gemüsefaser (vom Pflanzenfresser). Erde versorgt ihn mit Spurenelementen.

Bei zwanghaftem Dreckfressen spezielle Moorerde für Hunde ins Futter geben und per Kotuntersuchung die Darmflora auf krankmachende Mikroorganismen untersuchen lassen.

Der Hund sucht die vom Baumbestand her infrage kommenden Waldstücke ab.

Gefunden – nun heißt es rasch ausgraben, ehe die teure Leckerei im Hundemaul verschwindet.

Fertigfutter

Wollen Sie nicht roh füttern und Kochen nicht als Alternative sehen, sollten Sie ein Trockenfutter wählen, das möglichst frei von Konservierungsstoffen, tierischen Nebenprodukten und Zuckerrüben ist.

Auch einen mit selbst zubereitetem Futter ernährten Hund sollte man an Fertignahrung gewöhnen. Sie ist praktisch für unterwegs. Trockenfutter eignet sich gut als Belohnungshappen im Training.

Trockenfutter entzieht dem Körper Flüssigkeit, deshalb braucht der Hund unbedingt ständig Zugang zu frischem Wasser.

Kannte der Welpe vom Züchter ein bestimmtes Futter und möchten Sie auf Fertigfutterbasis weiterfüttern, behalten Sie es am besten bei. Hat sich der Hund an eine bestimmte Futterzusammensetzung gewöhnt, kann sie der Körper oft besser verwerten. Deshalb nicht ständig die Marke wechseln, denn Hunde reagieren oft mit Durchfall.

Da nicht jeder Hund jedes Futter für seine Bedürfnisse gleich gut auswertet und nicht alle Fertigfutter die gleiche Qualität haben, kann man nach längerem Füttern eines Produktes auf ein anderes übergehen.

Halten Sie sich bei der Futtermenge an die Angaben des Herstellers, die in der Regel reichlich bemessen sind. Wenn Ihr Hund dabei zu fett oder mager wird, passen Sie die Menge dem Bedarf des Hundes an.

Einige Firmen bieten Spezialfutter für die unterschiedlichen Bedürfnisse an. Bei Fertignahrung sollen weder Fleisch noch Vitaminpräparate zusätzlich gegeben werden.

Ausnahme ist das Fett: Da viele Trockenfutter aus Haltbarkeitsgründen einen Mangel an so genannten ungesättigten Fettsäuren aufweisen, ist es ratsam, gelegentlich etwas Färberdistelöl oder kaltgepresstes Olivenöl hinzuzugeben.

Berücksichtigen Sie bitte alle Leckereien aus dem Hundefutterregal mit ihren Inhaltsstoffen im Ernährungsplan.

Wasser
Alle Körperfunktionen und die Körpersubstanz sind abhängig vom Wasser. Deshalb muss frisches Trinkwasser in sauberen Gefäßen immer für den Hund zugänglich sein.

Wenn der Magen knurrt, kommt Mischling Rex mit seinem Fressnapf angerannt und zeigt unmissverständlich, dass Fütterungszeit ist!

TIPP
Bei Trockenfutter sollte ein Pressfutter im Gegensatz zu Kroketten bevorzugt werden, da es nicht im Darm aufquillt und schonender hergestellt wird.

Ei (Bio!) ist eine besonders hochwertige Eiweißquelle. Hefe bietet Vitamin B, Spurenelemente fügen wir mit Seealgenmehl hinzu. Rohes Eigelb liefert wertvolle Vitamine und Fette. Wichtig ist, dass Sie Frischfutter gelegentlich eine Prise Meer- oder Jodsalz beifügen.

Zur Stärkung des Immunsystems kann eine Prise Vitamin C und etwas Vitamin E beigemischt werden.

Die beste und natürlichste Kalziumzufuhr erfolgt über die Knochenfütterung. Reicht die nicht aus, kann Knochenmehl (leider hitzebehandelt) hinzugegeben werden.

Eine wertvolle Quelle für Vitamine, Phosphor und ungesättigte Fettsäuren sind zermahlene Haselnüsse.

Getreide
Getreide gehört nicht zur natürlichen Kost des Hundes (wildlebende Beutetiere fressen kein Getreide) und darf nur einen geringen Bestandteil der Ernährung ausmachen. Vollkornreis, Getreideflocken, Graupen, Nudeln müssen immer lange weich gekocht werden, damit sie der Hund verdauen kann. Spezielle Beifutterflocken ohne Fleischzusatz sind vom Hersteller bereits bearbeitet. Etwas hart getrocknetes Brot ist gut.

Fütterungstipps

Mengen

Sie müssen dem Bedarf des jeweiligen Hundes angepasst werden. Man sollte die Rippen des Hundes noch fühlen können. Zu reichhaltige Kost für einen körperlich nicht stark beanspruchten Hund macht krank.

Essensreste

Sie sind zwar kein Hundefutter, schaden aber gelegentlich in kleinen Mengen nicht. Verdorbenes gekochtes Futter oder eingeweichtes, angesäuertes Fertigfutter oder gar verschimmelte Nahrungsmittel machen den Hund krank!

Fütterungszeiten

Morgens bis spätesten 13 Uhr, damit das Futter vor der Nachtruhe des Verdauungstrakts verarbeitet wurde und nicht im Darm gären kann, was zu vielfältigen gesundheitlichen Problemen führen kann.

Knochen

Dicke Röhrenknochen werden auch in der Natur nicht gefressen und dienen der Beschäftigung und Zahnpflege.

Knochen in großen Stücken und nicht zersägt oder zerhackt nur unter Aufsicht geben und niemals, wenn mehrere Hunde zusammen sind. Das führt unweigerlich zu Streitereien und hastigem Runterwürgen zu großer Brocken. Alle gekochten oder gebratenen Knochen wie Kotelett, Geflügel- und Kaninchenknochen, Suppenknochen sind tabu, da sie splittern und zu bösen Verletzungen des Rachen- bzw. Mundraums führen. Wer Angst vor der Knochenfütterung hat, sollte Hähnchenflügel durch den Fleischwolf drehen oder mit dem Fleischklopfer zerkleinern.

Futterumstellung

Sie sollte allmählich erfolgen. Bei der Umstellung von einer Sorte Fertigfutter auf die andere mischen Sie zunächst kleine, sich allmählich steigernde Mengen unter das gewohnte Futter. Bei der Umstellung auf Rohkost beginnen Sie mit kleinen Mengen rohem Fleisch zur gewohnten Kost, sollte sie der Hund nicht auf Anhieb vertragen. Das gewohnte Futter wird entsprechend reduziert.

Tiefkühlkost

Sie muss stets vollständig aufgetaut und auf Zimmertemperatur erwärmt werden.

Welpenernährung

Der Welpe bekommt im Wesentlichen das Gleiche wie der erwachsene Hund.

Ein pummeliger, schwerer Welpe mag zwar einen gesunden Eindruck erwecken, aber für die Entwicklung seiner Knochen, Gelenke und Sehnen ist jedes Gramm Übergewicht schädlich und fördert Skelettmissbildungen. Das gilt besonders für große Rassen. Gerade die gefürchtete Hüftgelenksdysplasie wird durch falsche Ernährung und Bewegung des heranwachsenden Junghundes gefördert.

Der Welpe soll sich satt fressen, aber nicht überfressen. Er muss bei jeder Mahlzeit hungrig sein und zügig futtern. Der acht bis zwölf Wochen alte Welpe bekommt vier Mahlzeiten am Tag. Allmählich lässt der junge Hund die eine oder andere Mahlzeit aus und pendelt sich meist von alleine auf drei Mahlzeiten vom 4. bis 7. Monat, auf zwei vom 8. bis 12. Monat ein.

Der gesunde erwachsene Hund bekommt eine Morgenmahlzeit und abends ein Stück getrockneten Pansen, Ochsenziemer usw.

Wichtig!
Um einer dauerhaften Überforderung des Verdauungssystems vorzubeugen sind ein, noch besser zwei Fastentage in der Woche angeraten!

Der Schnauzerwelpe liebt seinen riesigen Knochen, mit dem er sich stundenlang beschäftigen kann. Das tut besonders im Zahnwechsel gut.

Auf gute alte Tage (Irish Red Setter).

Gesundheitsvorsorge und Krankheiten

Hunde können krank werden, genau wie wir Menschen auch. Scheint der Hund unlustig, will er nicht fressen, verhält er sich auch sonst anders als üblich, so können dies Anzeichen einer Krankheit sein. Kurieren Sie bitte niemals selbst am Hund herum, auch wenn erfahrene Hundehalter gute Ratschläge erteilen. Suchen Sie den Tierarzt Ihres Vertrauens auf und lassen Sie Ihren Hund sorgfältig untersuchen.

Anzeichen für Krankheiten

WICHTIG

Bei plötzlichen Verhaltensveränderungen den Tierarzt aufsuchen, es können Krankheiten, Schmerzen, Hormonstörungen (Schilddrüse zum Beispiel) Ursache sein.

TIPP

Speichern Sie Telefonnummern von Tierärzten in Ihrer Nähe (auch am Urlaubsort!) im Handy und die Adressen im Navigationsgerät, insbesondere von Tierkliniken, die rund um die Uhr besetzt sind, um im Notfall nicht suchen zu müssen. Fahren Sie einmal die Strecke ab, um den Weg zu kennen!

Fühlt sich Ihr Hund unwohl, will er nicht fressen und ist apathisch, dann sollten Sie zuerst einmal im After die Temperatur messen (Thermometerspitze bitte einfetten). Liegt sie höher als 38,8 °C (normal sind 38,0 °C bis 38,6 °C) und zeigt der Hund Hautunreinheiten oder Ausflüsse aus Augen, Nase, Penis, Scheide oder After, wenden Sie sich sofort an den Tierarzt. Es ist billiger und besser, mehrmals vorbeugend zum Tierarzt zu gehen, als nachher eine langwierige Behandlung durchstehen zu müssen.

Ältere Hunde sind allgemein anfällig für Nierenerkrankungen. Man sollte jährlich Blut und Urin untersuchen lassen. So können Krankheiten früh erkannt und behandelt werden. Wenn ein älterer Hund plötzlich still und scheinbar träge wird, dann schreiben Sie dies nicht dem Alter zu! Ein Hund äußert starke Dauerschmerzen oft durch Stillliegen. Bei Hündinnen können sich dahinter Gebärmuttervereiterungen verbergen, die oft viel zu spät erkannt werden.

Infektionskrankheiten

Erfreulicherweise gibt es heute gegen die schweren ansteckenden Hundekrankheiten zuverlässige Schutzimpfungen: gegen Staupe, Hepatitis (ansteckende Leberentzün-

dung), Stuttgarter Hundeseuche (Leptospirose), Tollwut, Parvovirose und Zwingerhusten.

Wichtig ist, dass der Welpe und später auch der erwachsene Hund zum Zeitpunkt des Impfens vollkommen gesund und frei von Würmern und Ungeziefer ist, wenn die Impfungen anschlagen sollen. Deshalb ist eine gründliche Untersuchung durch den Tierarzt Voraussetzung. Bringen Sie eine Kotprobe mit, damit sie auf Würmer und Einzeller untersucht werden kann, die nicht mit bloßem Auge zu erkennen sind.

Bei Tollwut auf Impfstoff mit dreijähriger Gültigkeit achten, um jährliche Nachimpfungen zu vermeiden.

Die Notwendigkeit der Wiederholungsimpfungen der anderen Infektionskrankheiten stimmen Sie bitte individuell mit Ihrem Tierarzt ab.

▶ Impfempfehlung

- ▸ 7. bis 9. Woche – Welpe genießt Impfschutz durch die Muttermilch
- ▸ 8. Woche – Staupe, Hepatitis, Leptospirose (SHL), Parvovirose (P)
- ▸ 12. Woche Wiederholungsimpfung SHL, P
- ▸ 16. Woche – SHP
- ▸ später – Tollwut
- ▸ 15 Monate – SHL+P

Durchfall

Er ist häufig ernährungsbedingt und oft durch einen Fastentag bei schwarzem Tee behoben. Bei anhaltendem Durchfall, bei Blut im Stuhl sofort den Tierarzt aufsuchen!

Erbrechen

Ein Hund erbricht häufiger, ohne dass man sich Sorgen machen muss. Hat er zu hastig gefressen, kann es vorkommen, dass er einen Teil des Futters hochwürgt, um es anschließend wieder zu fressen. Hunde würgen nach wölfischer Art Welpen häufig halb verdautes Futter vor. Solches Erbrochene riecht noch nicht einmal unangenehm. Lassen Sie es ruhig wieder auffressen.

Nach Grasfressen bringt der Hund gelegentlich dieses Gras zusammen mit weißem Schaum hoch. Auch das ist kein Grund zur Beunruhigung.

Wenn der Hund allerdings häufiger erbricht und sich angewidert abwendet, wenn er zudem noch lustlos wirkt, wenn das Erbrochene unangenehm riecht oder verfärbt ist (z. B. quittegelb, schwärzlich), dann suchen Sie sofort tierärztlichen Rat.

Vergiftungen

Leider kommen Vergiftungen immer häufiger vor. Die Symptome sind so vielfältig wie ihre Ursachen. Bei ungewöhnlichem Verhalten, Teilnahmslosigkeit, Erbrechen, Speicheln, Krämpfen, schwerem Durchfall und Blutungen unbedingt den Tierarzt aufsuchen. Es wäre gut zu wissen, was der Hund in welcher Menge aufgenommen hat, damit der Tierarzt sofort das richtige Gegenmittel anwenden kann (Reste des Stoffes, Packungen und Erbrochenes mitbringen).

Oft werden Vergiftungen durch Pflanzenschutzmittel (z.B. „Schneckenkorn"), Düngemittel, Frostschutzmittel (Glysantin) hervorgerufen, die süßlich schmecken und vom Hund gern aufgeleckt werden – es besteht wenig Überlebenschance. Viele Garten- und Zimmerpflanzen sind giftig.

Immer wieder kommen Dicumarol-Vergiftungen vor. Dicumarol verhindert die Blutgerinnung und wird zur Ratten- und Mäusebekämpfung eingesetzt. Müdigkeit, blasse Lefzen, Zahnfleisch und Augenlider, Blutungen aus dem Darm, dem Harnapparat, blutiges Erbrechen deuten darauf hin. Bei sofortiger Behandlung mit Vitamin K besteht eine gute Überlebenschance ohne Folgeschäden.

Hautprobleme

Ekzeme können auf Allergien, Flöhen, Hormonstörungen oder Phosphorüberschuss und anderen Ursachen beruhen und gehören sofort in die Behandlung des Tierarztes.

Mangelnde Abwehrkräfte durch einen gestörten Immunhaushalt fördern Pilze, Bakterien und Milben. Es ist sehr wichtig, die genaue Ursache möglichst früh zu erkennen und gezielt zu bekämpfen.

Hautunreinheiten erkennt man im Frühstadium daran, dass sich der Hund an den betroffenen Stellen kratzt oder leckt und das Haar nicht unmittelbar in seine natürliche Lage zurückfällt. Auch bei häufigem Kratzen ohne sichtbaren Grund sollte man den Tierarzt aufsuchen, da es sich um Pilzerkrankungen oder Milben handeln kann, die nur unter dem Mikroskop bzw. durch Gewebeproben zu erkennen sind.

MDR1 Gendefekt

Bei Rassen wie Collie, Sheltie, Australian Shepherd, Weißer Schweizer Schäferhund und anderen können durch die nicht intakten Blutschranken bestimmte Wirkstoffe gängiger Medikamente in Gehirn und Ausscheidungsorganen zu schweren Vergiftungen bis hin zum Tod führen. Ivermectin wird z.B. zur Entwurmung von Pferden eingesetzt, Reste von Hunden gerne aufgenommen oder sind in Pferdeäpfeln enthalten. Bei betroffenen Rassen sollte unbedingt vorsorglich ein Gentest durchgeführt werden. Info: www.mdr1-defekt.de

TIPP

Vorsicht mit Antibiotika bei jedem Anlass ohne genaue Bestimmung des Erregers! Sie zerstören die Darmflora nachhaltig. Im nicht lebensbedrohlichen Fall zunächst die Darmflora mittels Kotprobe auf krankmachende Keime untersuchen und dem Körper zur Selbstheilung verhelfen, anstatt nur die Symptome zu bekämpfen!

In einer guten Tierarztpraxis wird man zur Gesundheit und Pflege des Hundes stets gut beraten. Suchen Sie sich einen Tierarzt, dem Sie vertrauen.

Parasiten

WICHTIG

Immer weiter nach Norden dringen neue Zeckenarten und Mücken vor, die gefährliche Krankheiten (z. B. Leishmaniose) und Parasiten (z. B. Herzwurm) übertragen, die man bei unklarem Krankheitsbild stets in Betracht ziehen sollte.

TIPP

Eine gesunde Darmflora lässt krankmachenden Wurmbefall gar nicht erst aufkommen.

Jeder noch so gepflegte Hund hat irgendwann in seinem Leben Würmer und Ungeziefer.

Würmer

Besonders anfällig dafür sind Welpen. Am häufigsten kommen Spulwürmer, gelegentlich Band-, Peitschen- und Hakenwürmer vor. Spulwürmer kann man in Kot und Erbrochenem finden, Bandwurmglieder im Kot oder am After klebend, Peitschen- und Hakenwürmer sind nur unter dem Mikroskop sichtbar. Erwachsene Hunde leiden seltener unter Wurmbefall. Glanzloses Haar und verschleimte Augen sind oft ein Hinweis auf ungebetene Gäste.

Da man nicht gegen Wurmbefall vorbeugen kann, machen häufige Wurmkuren keinen Sinn und belasten den Hund. Lassen Sie vom Tierarzt anhand von Kotuntersuchungen in regelmäßigen Abständen feststellen, ob und welche Würmer vorhanden sind, und danach die Behandlung ausrichten.

Ungeziefer

Im Sommer leiden Hunde oft unter Zecken, Flöhen und Milben. Läuse kommen dagegen recht selten vor. Die üblichen Bekämpfungsmittel wie Flohhalsbänder oder Tinkturen, die man auf die Haut aufträgt,

Sprays usw. enthalten notwendigerweise Giftstoffe. Bitte lesen Sie daher vor dem Kauf sorgfältig die Gebrauchsanweisung und halten sich daran! Flöhe entwickeln sich schubweise in Ritzen und Ecken, deshalb ist eine Langzeitbehandlung erforderlich, die die Umgebung des Hundes mit einschließen muss.

Hat der Hund Flöhe aufgeschnappt, kratzt er sich, und man erkennt das zu kleinen, schwarzen Krümelchen geronnene, von den Flöhen ausgeschiedene Blut auf der Haut, dann hilft nur ein gründliches Bad sowie Reinigung und Erneuerung des Hundebetts. Wird der Hund regelmäßig gepflegt und man findet sofort die ersten Flöhe, wird der Befall nicht zum Problem. Haben sich die Flöhe erst einmal richtig eingenistet, sind sie nur schwer zu bekämpfen.

Zecken bohren sich in die Haut und saugen sich voll Blut, bis sie wie dicke graue Erbsen aussehen. Sie übertragen gefährliche Krankheiten wie Borreliose, Babesiose und FSME. Deshalb müssen Hunde so gut wie möglich gegen Zeckenbisse geschützt werden. Leider helfen sicher nur schwere chemische Keulen! Sprechen Sie mit dem Tierarzt. Mit der Zeckenzange kann man die Quälgeister mühelos entfernen. Sie gehört unbedingt ins Urlaubsgepäck.

Von den Milben gibt es verschiedene Arten, die häufigsten sind Milben im äußeren Gehörgang (Ohrmilben) oder an den Pfoten und Läufen (Grasmilben). Besonders hartnäckig ist die Demodex-Milbe, die insbesondere beim gestressten Hund ausbricht und nur schwer unter Kontrolle zu bekommen ist. Sie fällt zuerst durch kahle Haut ohne Juckreiz um die Augen und auf dem Nasenrücken auf.

Erbkrankheiten

Hunde leiden, ebenso wie wir Menschen, unter Erbkrankheiten. Die Fortschritte in der genetischen Forschung gewähren immer bessere Einblicke in die Vorgänge der Vererbung. Es werden viel mehr Krankheiten oder die Veranlagung dazu vererbt, als man annehmen möchte. Oft dauert es lange, bis man sie als solche erkennt und züchterische Gegenmaßnahmen ergreifen kann.

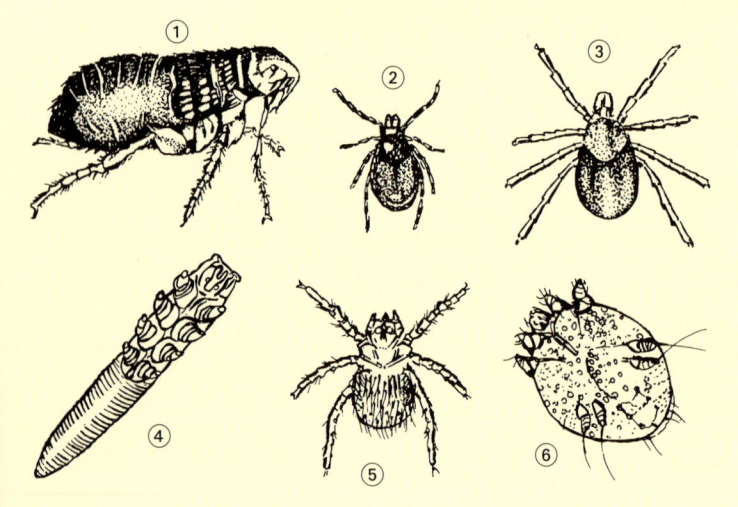

1) Hundefloh, 2) Zeckenmännchen, 3) Zeckenweibchen, 4) Haarbalgmilbe, 5) Herbstgrasmilbe, 6) Grabmilbe (Sarkoptes)

Im Erbgut jeden Lebewesens verbergen sich Krankheitsanlagen, die durch Inzucht oder Zufall ans Licht treten. Informieren Sie sich vor dem Kauf eines Hundes beim Tierarzt nach möglichen, häufig auftretenden Erbkrankheiten der Rasse und sprechen Sie den Züchter darauf an. Spricht er offen darüber und gewinnen Sie den Eindruck, dass er sich damit befasst und Untersuchungen bei seinen Hunden vornimmt, dann ziehen Sie seine Hunde denjenigen eines Züchters vor, der so etwas noch nie gehört hat!

Hüftgelenksdysplasie (HD)

Die HD ist eine bei Menschen und Hunden weitverbreitete Krankheit, die neben der erblichen Veranlagung stark von Aufzucht (Fütterung) und Haltung (Aufzucht auf glatten Böden, Über- und Unterbeanspruchung des Junghundes) beeinflusst werden kann.

Es handelt sich um eine Fehlbildung des Hüftgelenks, bei der Oberschenkelkopf und Hüftgelenkspfanne nicht richtig zusammenpassen; in schweren Fällen renkt sich das Gelenk aus und es bilden sich schmerzhafte Arthrosen. Die Diagnose kann nur durch eine Röntgenaufnahme der Hüfte bis einschließlich Kniegelenke bei Vollnarkose in vorgeschriebener Position im Alter von über zwölf Monaten erfolgen.

Die Röntgenaufnahme, die bei den meisten Zuchtvereinen Voraussetzung für die Zuchtzulassung eines Hundes ist, wird von einem Gutachter ausgewertet.

Es gibt HD-frei (A), HD-Verdacht (B), HD-leicht (C), HD-mittel (D), HD-schwer (E).

Am häufigsten betroffen sind große und schwere Rassen, am wenigsten Windhunde. Vor dem Kauf sollte man sich davon überzeugen, ob die Elterntiere bzw. der Hund selbst, wenn er schon älter ist, geröntgt wurden.

HD-befallene Hunde können schon im leichten Stadium bei entsprechender Beanspruchung Beschwerden zeigen! Schwerer befallene Hunde werden ganz sicher mit zunehmendem Alter Schmerzen haben.

Hodenfehler (Kryptorchismus)

Eine oder beide Hoden sind nicht in den Hodensack abgestiegen, sondern in der Bauchhöhle oder im Leistenkanal verblieben. Sie sind dort normalerweise mit der 8. Woche zu fühlen, bei Kleinhunden etwas schwierig. Man sollte sich vor dem Kauf vergewissern, dass sie vorhanden sind. Nicht abgestiegene Hoden sollten unbedingt operativ entfernt werden, da in späterem Alter die Neigung zur Tumorbildung besteht.

Magendrehung

Der Magen bläht sich durch Gase auf und dreht sich um die eigene Achse. Symptome sind Würgen ohne Erbrechen und aufgeblähter Bauch. Sie kommt vor allem bei großen Rassen vor, erbliche Veranlagung wird vermutet, die Ernährung spielt eine große Rolle. Die genaue Ursache ist unbekannt. Überlebenschancen nur bei sofortiger Operation.

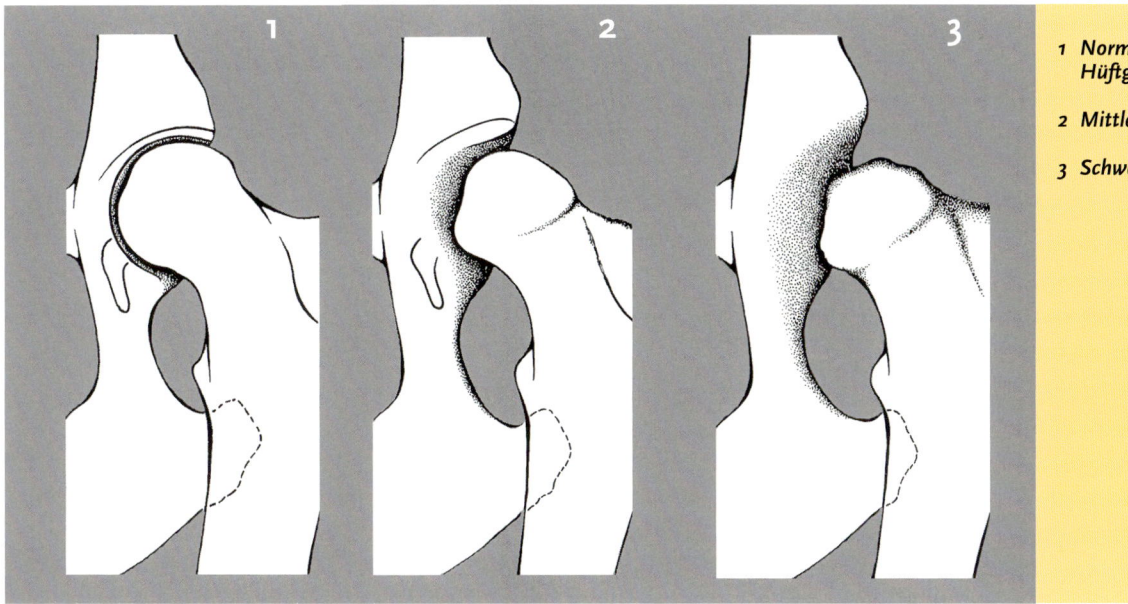

1 *Normales Hüftgelenk*

2 *Mittlere HD*

3 *Schwere HD*

Wohlbefinden für den Körper

Regelmäßige Körperpflege benötigen alle Hunde, ob klein oder groß, zott-, lang- oder kurzhaarig. Die Pflege dient nicht nur der Hygiene und Schönheit, sondern hat große soziale Bedeutung im Hundeleben. Sie festigt die soziale Bindung zwischen Hund und Mensch. Lassen Sie sich viel Zeit für die Körperpflege und gestalten Sie sie so, dass der Hund sie als angenehm empfindet.

Die Körperpflege ist eine unerlässliche, erzieherische Maßnahme, die auf angenehme Weise vom Hund stets aufs Neue vertrauensvolle Unterwerfung fordert. Hunde lieben Berührung und sind es gewohnt, im Rudel auch unangenehme Erfahrungen geduldig hinzunehmen. Es darf auch mal ziepen, ohne dass der Hund sofort zuschnappt.

Das Problem vieler langhaariger Hunde, deren Fell zum Verfilzen neigt, ist weniger das Fell, sondern die Dominanz der Hunde gegenüber ihren Besitzern. Um die empfindliche Bauchunterseite gründlich bürsten zu können, muss sich der Hund auf den Rücken legen – die totale Ergebung in den Augen des Hundes. Wenn er dazu nicht bereit ist, kommt es eines Tages zu den ersten, ernsten Meinungsverschiedenheiten: Der Hund sträubt sich, fängt an zu knurren und zeigt bei hochgezogener Lefze deutlich einen langen Eckzahn.

Erschrocken und entsetzt lassen die einen Hundebesitzer von ihrem Vorhaben ab – protestierend mit einem scharfen „Lass das!" weisen die anderen ihren Vierbeiner in die Schranken, packen ihn und legen ihn auf die Seite. Fertig. Um Letztere brauchen wir uns nicht zu sorgen, es sind die Ersteren, die sich einen Problemhund heranziehen. Aus dem Zahnblitzen wird möglicherweise, will sich der Besitzer dann doch mal durchsetzen, ein Biss. Meist ist das das Ende der Beziehung.

Wenn sich der Hundebesitzer erst einmal über die Rolle des Pflegens im Klaren ist,

Schon beim Züchter lernt dieser kleine Bearded Collie, sich auf dem Tisch bürsten zu lassen.

wird er die Situation besser in den Griff bekommen. „Das mag er nicht", und eben dieses, was er nicht mag, künftig zu unterlassen, darf es nicht geben! Deshalb beginnt vom ersten Tage an die Pflege des Welpen, auch wenn es nichts zu pflegen gibt.

Langsame Gewöhnung

Jeder Hund, ob groß oder klein, braucht seinen Pflegetisch, der nicht wackeln darf und mit einer rutschfesten Oberfläche versehen sein muss. Man arbeitet entspannter als auf den Knien. Solange man den Welpen noch heben kann, wird er auf den Tisch gehoben, dann sollte er über ein oder zwei feste

Stufen auf den Tisch steigen können. Niemals hinauf- oder hinunterspringen lassen.

Zunächst ist die „Tischerfahrung" für den Welpen angenehm, er wird beschmust, gestreichelt, bekommt Leckerchen. Er darf aber nicht das Ende bestimmen. Mit einem Belohnungshäppchen beenden Sie die Sitzung und heben den Kleinen vom Tisch.

Der kleine Welpe wird sich noch bereitwillig auf den Rücken legen, mit breiten Beinen den Bauch darbieten und sanftes Kraulen des zartrosa Babybäuchleins genießen. Tut er es nicht, haben Sie einen ausgesprochen selbstsicheren Hund vor sich. Nutzen Sie die Tatsache, dass Sie der Stärkere sind (noch ein paar Wochen lang!) und drehen Sie den Hund sanft aber bestimmt auf den Rücken. Halten Sie ihn mit der Hand auf der

Jedes Fell braucht Pflege

Kurz- und stockhaarige Hunde, auch solche mit schlichtem Langhaar ohne dichte Unterwolle oder knapp rauhaarige Hunde sind ausgesprochen pflegeleicht. Sie werden mit dem natürlichen Haarwuchs gründlich gebürstet oder gestriegelt. Glatthaarige Hunde bringt man durch Abreiben mit einem gut ausgewrungenen Fensterleder auf Hochglanz. Gesunde und richtig ernährte Hunde haben ein glänzendes Fell.

Rauhaarige Hunde werden je nach Haarlänge gestriegelt oder gebürstet, meist haben sie einen Bart, der nach jeder Mahlzeit gesäubert wird. Soll das Fell nicht zu üppig werden, müssen sie regelmäßig, wenn sich

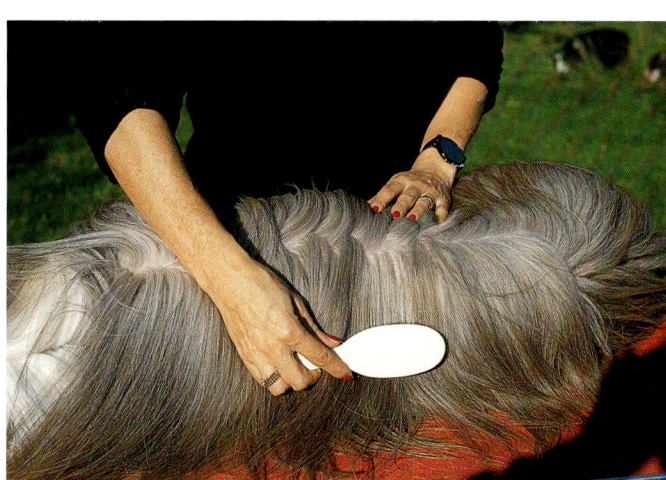

Bei langhaarigen Hunden müssen die Pfoten von schmutzverklumpten Haaren befreit werden. Beim so genannten Lagebürsten wird das Fell von der Haut ab gepflegt. Unerlässlich für eine gesunde Haut.

Brust so lange fest, bis er sich entspannt und sein Bäuchlein darbietet. Nur Geduld, er wird es tun, auch wenn er zunächst noch zappelt!

Mit zunehmendem Alter dehnen Sie die Tischübungen aus und erkunden Ihren Hund. Schauen und riechen Sie in die Ohren, betrachten mit leichtem Fingerstreichen die Genitalien, das Bäuchlein, die Achselhöhlen – später Problemzonen bei langhaarigen Hunden. Tasten Sie massierend den ganzen kleinen Körper ab. Bürsten Sie sanft das Fell, auch wenn da noch nichts zu bürsten ist. Öffnen Sie den Fang und untersuchen Sie mit den Fingern Zähne und Kiefer, nehmen Sie die kleinen Pfötchen in die Hand und prüfen jede einzelne Zehe. Sprechen Sie ruhig und freundlich mit dem Hund.

das Haar von selbst aus der Haut zu lösen beginnt, getrimmt werden. Fachmännisch getrimmte Hunde entsprechen nicht nur ihrem Rassetyp, sie sind auch leichter zu pflegen.

Langhaariges Fell muss nicht besonders pflegeintensiv sein. Ein schlichtes, derbes Langhaar, wie beim Collie oder Spitz, oder leicht gewelltes, ohne übermäßige Unterwolle, wie beim Barsoi oder Golden Retriever, verfilzt bei Unachtsamkeit nur an wenigen kritischen Stellen, z. B. hinter den Ohren und in den Achselhöhlen. Ansonsten reicht einmal wöchentliches, gründliches Bürsten.

Schwieriger ist es bei Hunden, deren Fell zum Zotten neigt, wie z. B. Old English Sheepdog oder Briard. Sie müssen je nach Fellbeschaffenheit häufiger gebürstet werden.

Hier sollte man täglich die kritischen Stellen an Kopf, Schnauze, unter den Achseln, um die Genitalien, an den Pfoten kämmen und Filze gar nicht erst aufkommen lassen. Schlichtes, feines Langhaar wie bei Setter oder Spaniel muss ebenfalls regelmäßig gekämmt und gebürstet werden. Seidiges Langhaar wie beim Afghanen oder Malteser ist mit am pflegeintensivsten. Es braucht tägliche, gründliche Aufmerksamkeit. Hunde mit ausgesprochen dichtem Langhaar mit üppiger Unterwolle wie Neufundländer oder Chow Chow müssen ebenfalls gründlich und bis auf die Haut gebürstet werden, um frühzeitig Hauterkrankungen zu erkennen.

Die wenigen, recht seltenen zotthaarigen Hunde wie Puli und Komondor können natürlich von klein an ausgebürstet werden, das entspricht aber nicht dem Rassetyp. Zotten entstehen durch Auseinanderzupfen sobald Verfilzungen einsetzen, damit sich keine hautbedeckende Filzschicht bilden kann. Mitbringsel wie Stöckchen oder Kletten liest man am besten mit den Händen ab. In ihrer Heimat bei den Herden werden die Hunde mit den Schafen zusammen geschoren und bilden diese bei Ausstellungshunden so imposanten Zotten selten aus.

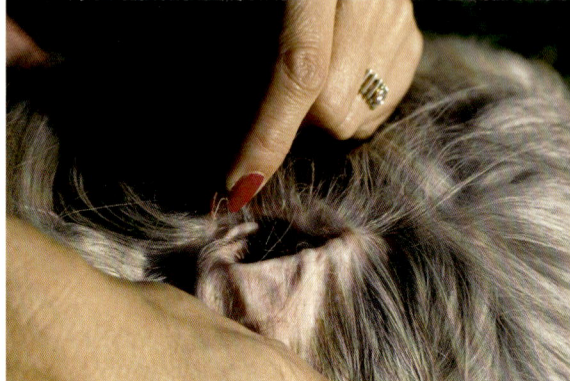

Aus dem Ohrinneren herauswachsende Haare werden herausgezogen, damit Luft zirkulieren kann.

Ein Blick in die Augen

Jeden Morgen wird – am besten mit einem feuchten Papiertaschentuch – das Augensekret entfernt, um Entzündungen zu vermeiden.

Andauerndes Tränen und gerötete Bindehaut lässt man durch den Tierarzt behandeln, da eventuell der Tränenkanal verstopft sein könnte oder einwachsende Wimpern den Augapfel schmerzhaft reizen (Distichiasis) können.

Reinigen der Ohren

Besitzen Sie einen langohrigen, langhaarigen Hund, z. B. einen Spaniel, lassen Sie sich vom Züchter zeigen, wie das aus dem Ohrinneren herauswachsende Haar entfernt und das Ohr sauber gehalten wird. Sorgfalt ist unerlässlich, ansonsten müssen Sie mit ernsthaften Problemen rechnen.

Alle Hundeohren müssen ein- bis zweimal wöchentlich überprüft werden. Schmutz entfernt man mit einem in ein Ohrreinigungsmittel getauchten Wattebausch. Gehen Sie vorsichtig nur so weit ins Ohr, wie Sie mit der Watte und dem Finger gelangen. Niemals alkoholhaltige Reinigungsmittel oder Puder verwenden oder im Ohr herumbohren!

Riecht der Hund aus den Ohren, hält er den Kopf schief und kratzt sich, schnellstens zum Tierarzt! Ohrenerkrankungen sind äußerst schmerzhaft und heilen nur schwer aus.

Strahlend weiße Zähne

Mit Knochenrohkost ernährte Hunde neigen selten zu Zahnstein. Bildet sich Zahnstein, der besonders üppig bei Zwergrassen zu gedeihen scheint, entfernen Sie schon die ersten dünnen, braunen Beläge mit einem

Zahnstein ist eine Brutstätte für krankmachende Bakterien. Schon die ersten geringen Ablagerungen müssen entfernt werden.

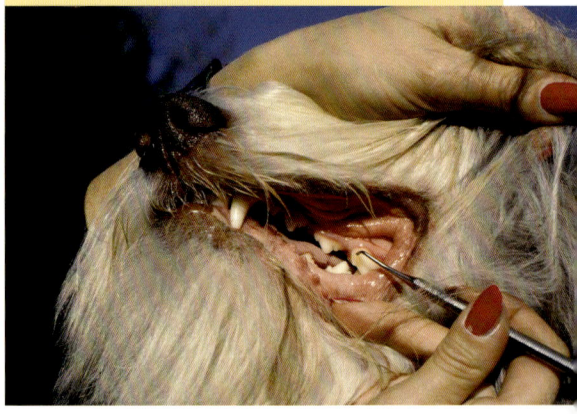

Zahnsteinentferner. Dicken Belag sollte besser der Tierarzt unter Narkose entfernen. Regelmäßiges Putzen mit Zahnbürste und Hundezahncreme beugt der Zahnsteinbildung vor. Zahnstein führt zu schmerzhaften Zahnfleischentzündungen und ist eine gefährliche Brutstätte für Bakterien, die den gesamten Organismus schwer belasten.

Krallen und Pfoten

Läuft Ihr Hund auf glattem Boden und Sie hören ein „klack, klack", dann sind die Krallen zu lang. Lassen Sie sich vom Tierarzt zeigen, wie man eine Krallenzange handhabt. Schneiden Sie nämlich zu viel ab, verletzen Sie eine kleine Ader in der Kralle, deren Blutung nur schwer zu stillen ist. Zu lange Krallen behindern den Hund beim Gehen. Achten Sie bitte auch auf die kleinen, seitlich über den Vorderpfoten sitzenden Daumenkrallen, die ins Fleisch einwachsen können.

Nach jedem Spaziergang untersucht man die Pfoten nach zwischen den Zehen stecken gebliebenen Steinchen, Grassamen usw., die sich ins Fleisch bohren und schwere Entzündungen hervorrufen können. Bei langhaarigen Hunden schneiden Sie das Fell zwischen den Zehen am besten mit einer abgerundeten Schere heraus, damit sich weniger Schmutz einnisten kann. Meiden Sie im Winter salzgestreute Wege oder waschen Sie die Pfoten mit warmem Wasser ab.

Genitalien und After

Bei langhaarigen Hunden bleiben gerne Kotreste im Fell hängen. Bei Unaufmerksamkeit des Besitzers kann sogar der After völlig verkleben und ein Kotabsetzen verhindern! Frischen Kot bestäubt man mit Trockenshampoo, trocknen lassen, ausbürsten. Evtl. kürzt man das Haar rund um den After.

Lassen Sie vom Tierarzt regelmäßig die Analdrüsen überprüfen. Sog. „Schlittenfahren" auf dem Hinterteil bedeutet keinen Wurmbefall, sondern verstopfte Analdrüsen, die beim Kotabsetzen die Aufgabe haben, dem Häufchen die persönliche Duftnote des Hundes mitzugeben. Entzündete, verstopfte Analdrüsen sind äußerst schmerzhaft.

Der schmutzige Hund

Kommt Ihr Hund schmutzig und nass nach Hause, lassen Sie ihn vor der Haustür sitzen, bis Sie einen Eimer warmes Wasser und ein Fensterleder herbeigeholt haben. Mit dem ausgewrungenen Leder trocknen Sie die entsprechenden Fellpartien ab. Es saugt Schmutz und Feuchtigkeit bestens auf.

Wie oft man einen Hund badet, sollte jeder für sich selbst entscheiden – nämlich dann, wenn Sie das Gefühl haben, er sei schmutzig, wenn er sich in Unrat gewälzt hat oder sich im Fellwechsel befindet. Sitzt die Unterwolle locker und geht in Büscheln aus, beschleunigt ein Bad den Haarwechsel. Das neue Fell kann umso schöner nachwachsen.

Verschließen Sie die Ohren mit einem Wattebausch und stellen Sie den Hund in die Dusche, die vorher mit einer rutschfesten Gummimatte ausgelegt wurde. Brausen Sie ihn lauwarm ab, bis er durch und durch nass ist. Verreiben Sie ein mildes Hundeshampoo zwischen den Händen und massieren Sie es mit den Fingerspitzen bis auf die Haut.

Dieser Welsh Sheepdog liebt sein tägliches Bad in einem sauberen Fluss. Flöhe mögen das gar nicht!

Vorsicht am Kopf, damit keine Seife in die Augen kommt; ebenso behutsam müssen Sie mit den Genitalien sein.

Brausen Sie den Hund sorgfältig von oben nach unten ab und drücken Sie das überschüssige Wasser aus dem Fell. Es dürfen keine Seifenreste im Fell bleiben! Legen Sie dem Hund, noch ehe er sich schütteln konnte, Handtücher um. Trocknen Sie ihn gründlich ab und lassen Sie ihn an einem sauberen, warmen Platz trocknen oder fönen Sie ihn trocken, wenn er das mag.

Mit dem Hund auf Reisen

Auch Hunde genießen den Urlaub.

Mit dem Hund zu reisen, bedeutet, den Bedürfnissen des Hundes unterwegs und am Ziel gerecht zu werden. Gruppen-Pauschalreisen und Sommerurlaube an den belebten Stränden Südeuropas sind für den Hund eine Qual. Ideale Hundeurlaube verlegt man in Jahreszeiten oder Gegenden mit gemäßigtem Klima, wo man ausgiebig mit dem Hund wandern kann.

Die richtige Unterkunft

Sowohl im Hotel als auch in Ferienhäusern oder auf Campingplätzen sind Hunde unbedingt vorher anzumelden, will man nicht vor verschlossenen Türen stehen! Kein Hund ist in fremden Betten willkommen. Gern gesehene Gäste werden Sie sein, wenn Sie die Schlafhöhle des Hundes mitnehmen. Einmal daran gewöhnt, fühlen sich Hunde insbesondere in fremder Umgebung darin ausgesprochen wohl.

Gut sechs Wochen vor Reiseantritt sollten Sie sich im Falle einer Auslandsreise beim ADAC, Tierarzt oder evtl. der Botschaft über die derzeit aktuellen Einreisebestimmungen für Hunde informieren. Manche Länder erlauben die Einreise nur unter recht umständlichen Voraussetzungen (Skandinavien, Großbritannien). In manchen Ländern besteht Maulkorbzwang und es gibt die unterschiedlichsten Impfvorschriften und Formalitäten. Hält man sich nicht daran, kann das sehr unangenehme Folgen haben. Deshalb informieren Sie sich besser vorher darüber.

Als nützlich könnte sich auf Reisen die Police der Hundehaftpflichtversicherung erweisen, meist sind Schäden innerhalb Europas eingeschlossen.

Reisegepäck für den Hund

Auch der Hund hat sein Reisegepäck: Schlafhöhle oder Korb, wenigstens seine Decke, Futter- und Wassernäpfe, Wasserkanister für die Reise und längere Wanderungen, ein geliebtes Spielzeug, Ersatz-Halsband und -Leine, Bürste und Zeckenzange.

Führen Sie einen entsprechenden Vorrat des gewohnten Futters mit, damit zum üblichen Stress in fremder Umgebung nicht auch noch eine Futterumstellung hinzu kommt, die der Hund mit Durchfall quittiert. In südlichen Ländern sollte man auf Fleisch oder gar Fleischabfälle ganz verzichten. Auch die Trinkwasserversorgung ist in manchen Ländern problematisch. Wenn Sie selbst für den eigenen Bedarf Bedenken haben, muten Sie es auch Ihrem Hund nicht zu. Er könnte ebenfalls erkranken und Ihnen den Urlaub mit Durchfall verleiden.

> ### ▶ Reise-Check beim Tierarzt
>
> Erkundigen Sie sich beim Tierarzt unbedingt nach besonderen Krankheiten und Parasiten im Urlaubsland, möglicherweise kann man dagegen impfen lassen.
> Falls nötig, frischen Sie die üblichen Impfungen auf, denn bei uns selten gewordene Hundekrankheiten können in manchen Ländern noch alltäglich sein.

Urlaub mit Hund ist wunderbar, muss aber den Bedürfnissen des Hundes Rechnung tragen. Erkundigen Sie sich vorab, wie „hundefreundlich" ein Land ist, nicht überall dürfen sie frei laufen, mit in Geschäfte und Restaurants oder an Deck der Fähre, wie dieser kleine Cairn Terrier.

Vergessen Sie nicht ein paar Handtücher, um den Hund notfalls baden und trocknen zu können. Schützen Sie Ihren Hund vor Ungeziefer herumstreunender Hunde. Er fängt sich bestimmt ein paar Flöhe ein.

Auto, Bahn, Flugzeug und Schiff

Schon der junge Hund sollte durch kurze Fahrten mit angenehmem Ziel lernen, gerne Auto zu fahren. Im Auto sitzt der Hund stets auf dem Rücksitz oder der Ladefläche des Kombis. Auf den Sitzen sind Hunde als „Ladung" zu sichern, d.h. mit einem Brustgeschirr anzuschnallen. Der Hund sollte aus Sicherheitsgründen niemals selbstständig aus dem Auto springen, sondern so lange sitzen bleiben, bis Sie ihn herausholen.

Vorsicht vor Zugluft durch geöffnete Fenster, das führt rasch zu Bindehautentzündungen! Fenster nie so weit öffnen, dass der Hund während der Fahrt herausspringen kann. Niemals den Hund im geparkten Auto lassen. Selbst ohne direkte Sonnenbestrahlung und bei etwas geöffneten Fenstern kommt es im Auto nach kurzer Zeit bei warmem (nicht nur heißem) Wetter zum tödlichen Hitzestau!

Nehmen Sie für alle Fälle immer eine Rolle Papiertücher, Handtücher und Zeitungspapier mit, falls sich der Hund erbrechen muss. Fahren Sie nicht zu rasant und machen Sie Pausen, sobald der Hund unruhig wird. Falls der Hund zur Reisekrankheit neigt, lassen Sie sich vom Tierarzt ein entsprechendes Mittel gegen Übelkeit verschreiben.

In der Bahn können Hunde im Abteil mitgenommen werden, sofern sich Mitreisende nicht beschweren, ansonsten müssen sie im Gepäckteil befördert werden. Bei der Deutschen Bundesbahn gibt es eine Maulkorbpflicht für Hunde. Erkundigen Sie sich vor der Reise nach aktuellen Bestimmungen.

Flugreisen sind für Hunde kein Problem. Bis zu einer bestimmten Größe dürfen sie auf dem Schoß in der Kabine mitreisen. Ansonsten werden sie in genormten Transportkisten in klimatisierten und lärmgeschützten Frachträumen untergebracht. Die Betreuung durch das Personal ist in der Regel gut. Buchen Sie den Flug des Hundes unbedingt so früh wie möglich und erkundigen sich, ob der Hund im Transfer Flughafen/Zielort eingeschlossen ist.

Auch bei Schiffsreisen müssen Sie unbedingt rechtzeitig abklären, ob Hunde an Bord überhaupt und, wenn ja, unter welchen Bedingungen willkommen sind.

1 x 1 der Hunde-
erziehung

Spiel fördert das Vertrauen.

Aufbau einer guten Beziehung

Erziehung ist nicht nur das Beibringen von Sitz, Platz und Fuß, sondern der Aufbau einer guten, freundschaftlichen Beziehung mit dem Ziel, harmonisch zusammenzuleben. Dazu gehört, die gegenseitigen Wünsche und Bedürfnisse zu erkennen, darauf einzugehen und sie nach Möglichkeit zu erfüllen. Der Hund ist heute ein Sozialpartner und kein Befehlsempfänger mehr. So möchte er auch behandelt werden.

Der Hund ist ein Wesen mit Gefühlen, die unseren sehr ähnlich sind. Wenn wir lernen, ihn so zu sehen, offenbaren sich uns erstaunliche Wesenszüge, die unseren Hund so einmalig machen. Wenn wir so weit sind und uns mit unserem Hund verständigen können, erscheinen uns manche hundeplatzüblichen Unterordnungsübungen wenig sinnvoll und des Hundes unwürdig.

Unsere Hunde brauchen dringend eine liebevolle, aber konsequente Führung. Ich bin mir sicher, dass viele Hunde, die ein unsicheres, nervöses Wesen zeigen, einfach darunter leiden, dass sie keine Aufgabe und keine Führung haben. Unter konsequent versteht man nicht hart und unerbittlich, vielmehr muss man sich um eine möglichst klare Kommunikation mit dem Hund bemühen.

Vertrauen schaffen

Liebevoller Umgang mit dem Welpen und auch dem erwachsenen Hund ist selbstverständlich. Zärtlichkeiten gehören zur Vertrauensbildung. Der Welpe muss ja erst „Mensch" lernen, Vertrauen aufbauen, erkennen, dass er an unserer Seite sicher und geborgen ist, dass er bei uns Hilfe und Trost findet. Fügen wir unserem Hund absichtlich Schmerzen zu, die wir für erzieherisch notwendig halten, kann das zu einem nicht wieder gutzumachenden Vertrauensbruch führen. Anstatt zu seinem Partner zu

werden, zu dem er aufschaut, auf den er sich verlassen kann und dessen Anweisungen er gerne befolgt, werden wir zum Versorger degradiert. Eine solche Beziehung zum Hund macht eigentlich keinen Spaß.

Aufgaben, wie über das Bein springen, kann man überall einbauen und machen Hund und Mensch viel Spaß.

Der Hundehalter muss mit gutem Vorbild – selbstsicher und unbekümmert – vorangehen und darf den Hund nicht durch unendlich geduldiges, gutes Zureden verunsichern. Vertrauen kann der Hund nur einem souveränen Vorbild. Viele Leute beruhigen den ängstlichen Hund mit zärtlicher Stimme. Vorsicht! Man soll ihn für solches Verhalten nicht noch loben und es damit erst recht bestätigen.

Kommt ein Junghund in die ab ca. fünf Monate und später nochmals so um die 18 Monate üblichen Vorsichtsphasen, geht man gar nicht darauf ein. Vermeiden Sie es, den Hund an all das gewöhnen zu müssen, vor dem er gerade Angst hat. Eher meidet man, wenn möglich, unangenehme Situationen. Man geht ihm selbstsicher voran, zeigt damit, dass das alles nicht schlimm ist. Wird ein Erlebnis zum Trauma, kann es sich lebenslang einprägen. Der Hund wird, wenn er von seiner Veranlagung her in Ordnung ist, seine übertriebene Vorsicht wieder ablegen.

Wieso ist Ausbildung so wichtig?

Erst wenn man Hunde fordert, indem man ihnen allerlei beibringt und gemeinsame Übungen erarbeitet, erkennt und fördert man den wahren Charakter. Hunde lieben die gemeinsame Beschäftigung mit ihren Menschen, freuen sich ebenso wie Menschen, wenn sie etwas gut gemacht haben, und arbeiten gerne. Ihre Lernfähigkeit ist erstaunlich – aber nur, wenn wir ihnen Gelegenheit geben, sie auch auszubilden.

Viele Hunde werden als Dekorationsstück behandelt und können ihre Fähigkeiten gar nicht entfalten. Kleinen Hunden wird oft ihre Körpergröße zum Verhängnis, denn viele Besitzer verhätscheln und verwöhnen sie und muten ihnen keinerlei Aufgaben zu.

Die unendliche Freude und Befriedigung, die das Zusammenleben mit Hunden bringen, lernen wir aber erst kennen, wenn wir ihnen die Gelegenheit geben, all ihre Intelligenz und ihre positiven Eigenschaften voll zu entfalten.

Am lernfähigsten sind Welpen. Das sollte man unbedingt nutzen und sie von Anfang an wie Kleinkinder ohne Druck unterrichten.

Abwechslung im Hundealltag ist immer willkommen. Freudig trabt der Rottweiler über die Laufdiele.

Lob und Bestärkung

Sie werden schnell feststellen, was Ihrem Hund mehr Freude macht: ein wildes Tobespiel, Ballspielen oder ein Leckerbissen. Wenn Sie wissen, was Ihren Hund am besten motiviert, dann nutzen Sie diese Leidenschaft nur, und immer nur dann, wenn Sie ihn belohnen wollen. Sie erreichen damit bei Ihrem Hund fast alles, was erzieherisch möglich ist. Wichtig ist, dass Lob immer nur für erwünschtes Tun erfolgt, niemals vorbeugend. Oft sieht man, dass einem quengelnden Hund etwas zugeschoben wird, damit er ruhig ist. Das belohnt nur sein Quengeln!

Als Leckerbissen sucht man immer etwas, das der Hund nicht alltäglich bekommt. Also nicht das tägliche Fertigfutter. Wir ziehen kleine Käsehäppchen oder getrocknete Leberstückchen fertigen Produkten vor. Sie werden meist heißhungrig angenommen. Eine Belohnung muss auch eine solche sein. Beim lernenden Welpen wird möglichst oft belohnt, das lässt aber nach und folgt nur noch bei „großen Taten". Man hat als guter Hundemensch stets ein paar Leckerchen in der Tasche, da es immer wieder Situationen gibt, die belohnenswert sind. Lob muss möglichst zeitgleich mit der zu belohnenden Tat erfolgen, damit der Hund auch weiß, wofür er belohnt wurde. Gleichzeitig mit der Belohnung, sei es Spiel oder Leckerchen, geht das verbale Lob mit hoher, freudiger Stimme einher, „So ist brav" oder „Prima".

Der kleine Welpe versucht, wie weit er gehen darf. Die Mutter wird dies nicht lange tolerieren und ihn angemessen zurechtweisen.

Richtig korrigieren

Schlagen macht in der Hundeerziehung keinen Sinn, da es unter Hunden nichts Vergleichbares gibt. Grobheiten und Strafen, die das Hundegehirn nicht begreifen kann, weil sie erst nach den Missetaten erfolgen, die der Hund längst vergessen hat, zerstören nachhaltig das so wichtige Vertrauen in den zweibeinigen Gefährten.

Häufig genügt schon der tadelnde Ton und der Hund begreift, dass er etwas verkehrt gemacht hat. Lautes Händeklatschen oder eine Zeitung auf die Tischkante klopfen kann eine unerwünschte Aktion unterbrechen, ohne direkt auf den Hund einzuwirken. In diesem Fall lässt man den Hund sofort etwas tun, das er gerne macht, um belohnen zu können. Ablenken ist besser als nach ihm zu grabschen, man wirft ihn auch nicht für kleinere Unarten auf den Rücken. Gut ist, sich ein tiefes Knurren einzuüben; das kennt der Welpe von seiner Mutter und den Geschwistern. Böser Blick, tiefes Knurren, gerunzelte Stirn, Anstarren, das versteht er bestens.

„Gerechtes Teilen" gibt es bei Hunden nicht. Der Althund setzt Tabus und provoziert das Jungtier oder den rangniederen Hund, indem er so tut, als interessiere ihn

sein Knochen nicht, und wehe, wenn der andere es wagt heranzugehen. Je nachdem, wie frech dessen Auftreten ist, genügt ein leises Knurren oder er fällt lautstark über ihn her und zeigt ihm, wer hier das Sagen hat! Dieses Tabuisieren wenden wir täglich im Umgang mit dem Hund an; es ist für ihn ganz normal, dass er seine Grenzen sucht und – besonders wichtig – findet. Es ist leichter für den Welpen, wenn wir uns wie ein erfahrener Althund verhalten und seine Demutsgeste sofort akzeptieren und rasch das Fell kraulen.

Das Wort Strafe gehört nicht in die Hundeerziehung. Hunde tun nichts, um uns zu ärgern. Unerwünschtes Verhalten wird möglichst frühzeitig durch Ablenkung unterbrochen und daran anschließendes erwünschtes Verhalten belohnt. Es gibt niemals einen Grund, einem Hund aus erzieherischen Gründen Schmerzen oder Angst zuzufügen.

Auflehnung und Schnappen

Sollte der Junghund im Flegelalter anfangen, sich mit Zuschnappen gegen Sie aufzulehnen, sei es, dass Sie ihn beim Bürsten ziepen oder ihm einen Knochen abnehmen wollen, dürfen Sie sich in keinem Fall erschrocken und ängstlich zurückziehen. Dann hätte er erreicht, was er wollte, und Sie würden Ihren Hund nicht mehr im Griff haben. Sie glauben nicht, wie viele Leute tatsächlich Angst vor den eigenen Hunden haben und es manchmal gar nicht wissen. Instinktiv meiden sie alle Situationen, in denen sich der Hund auflehnen könnte. Es ist unvermeidlich, dass man dann in den Augen des Hundes irgendwann einen Fehler macht und er uns korrigiert, indem er zuschnappt! Man muss solche Situationen nicht überbewerten, sie sind jedoch Anlass, die Beziehung zum Hund gründlich zu überdenken.

Machen Sie es wie der Althund: Provozieren Sie gelegentlich den Welpen. Sind Sie auf seine Reaktion gefasst, können Sie um so schneller reagieren. Wenn der Welpe schon Anzeichen zeigt, sich aufzulehnen, knurrt oder gar die Zähne fletscht, legen wir ihn ohne Aufhebens und tüchtig böse knurrend auf den Rücken und halten ihn einfach mit der Hand auf der Brust am Boden, bis er sich entspannt. So erkennt er, ohne dass wir strafen müssen, dass wir der Chef sind und es auch bleiben wollen.

Korrigieren nach Hundeart

Muss man wirklich korrigieren, tut man es ebenfalls auf Hundeart. Legen Sie die Spitzen der Finger an den Daumen und stoßen damit kurz und kräftig gegen die seitliche Hals-Schulterpartie des Hundes und ahmen damit den so genannten Nackenstoß der Mutterhündin nach. Man kann das bei Hunden untereinander häufig beobachten. Aber bitte auch nur dann anwenden, wenn es um die Gesundheit und Sicherheit des Hundes geht, und nicht, weil eine Übung evtl. nicht korrekt ausgeführt wurde.

Das so häufig empfohlene Nackenschütteln habe ich vor Jahren bei meiner mir sehr vertrauten Hündin angewandt – ich habe sie noch nie so verzweifelt kämpfen sehen! Das gab mir zu denken. Ich sah nie eine Mutterhündin ihre Welpen im Nacken schütteln. Es wäre eine wenig sinnvolle Einrichtung der Natur, wenn man die Hündin ausgerechnet das Totschütteln der Beute für die Erziehung der Welpen anwenden ließe. Der Reflex wäre nur schwer zu kontrollieren und die Gefahr groß, dass sie ihre eigenen Kinder umbringt. Nackenschütteln löst Todesangst aus!

Hunde werfen mit Zähnefletschen und Drohknurren Welpen einfach um, stoßen mit Fang oder Pfoten in die Nackengegend, kneifen schmerzhaft zu oder fassen mit der offenen Schnauze über den Fang. Dies jedoch stets angepasst dem Verhalten des Welpen, je hartnäckiger und dreister ein Welpe, desto massiver die Reaktionen. Solche erzieherischen Maßnahmen ergreift man nur, wenn es um Eigentumsdelikte geht, man also Tabus setzt um Dinge, die der Hund nicht haben darf, oder die Sicherheit und Gesundheit des Hundes bedroht sind. Sie haben nichts bei den Erziehungsübungen zu suchen!

Wenn Sie ein paar hundliche Verhaltensweisen im täglichen Umgang mit dem Hund berücksichtigen, haben Sie die halbe Erziehung schon in der Tasche!

Hunde haben Bedürfnisse und Gefühle. Ehe Sie ärgerlich werden, weil er nicht funktioniert, und ihn zu etwas zwingen, denken Sie darüber nach, warum er sich verweigert. Meist hat er dazu einen guten Grund. Hinterher entschuldigen können wir uns leider nicht. Abliegen auf einer Ameisenstraße z. B. muss nicht sein. Selten ist ein Hund einfach nur aufsässig!

Soziales Spiel unter gleichstarken Golden Retriever-Welpen, bei dem man nicht einzugreifen braucht.

Belohnung nach erfolgreicher Übung.

Sitz, Platz, Fuß

Beginnen Sie die Übungen nur bei bester Laune und suchen Sie einen ungestörten Platz im Haus, wo der Hund nicht abgelenkt wird und niemand stört. Gestalten Sie die Übungen als Zeit der Gemeinsamkeit in liebevoller Freundlichkeit. Niemals nimmt man Haltung an und schlägt einen härteren Ton an! Bauen Sie die Übungen Schritt für Schritt auf und überfordern Sie Ihren Hund nicht.

Man beginnt mit dem kleinen Welpen, sobald er sich heimisch fühlt. Je jünger der Welpe ist, desto kürzer die Übungszeiten, anfangs nur ein paar Minuten. Üben Sie vor dem Füttern, wenn er hellwach und an Leckerbissen interessiert ist. Lernt er nicht, brechen Sie die Übung ohne Lob und Belohnung ab. Er wird schnell begreifen, dass es sich lohnt, Herrchen oder Frauchen einen Gefallen zu tun.

Nach einer Übung erfolgt ausgiebiges Spiel zur Entspannung. Erwarten Sie nicht, dass der Welpe das Gelernte behält, üben Sie daher jeden Tag ein paar Minuten lang. Bis zum Alter von vier Monaten etwa geht es nur darum, Begriffe mit dem Tun des Welpen zu verknüpfen, so wie man ein Kleinkind heranführt. Auf Verlangen eine Übung auszuführen, kommt erst später.

Wenn der Hund Sitz, Platz oder Hier kennt und auch auf Wunsch ausführt, beginnt man mit der Arbeit im Garten, wo die Ablenkung schon etwas größer ist. Niemals übt man mit einem Hund, wenn er offensichtlich abgelenkt ist, denn so kann er nicht lernen. Ärgerlich werden oder sich hart durchsetzen sind Maßnahmen, die nur das Vertrauen zerstören. Erst wenn der Hund im eigenen Umfeld zuverlässig auch unter Ablenkung hört, übt man außerhalb.

In der Welpenspielstunde begegnen sich die unterschiedlichsten Rassen. Die Welpen üben Jagd- und Sozialverhalten und lernen dabei die Hundesprache. Chancengleichheit muss hier jedoch gewährleistet sein. Deshalb bedürfen Welpenspielstunden immer einer ständigen Aufsicht durch kompetente Hundetrainer.

Jeder Welpe kann sitzen – lernen muss der Riesen-schnauzer-Welpe nur, es mit einem Zeichen zu verknüpfen.

Welpengruppen

In der Welpenspielgruppe einer guten Hundeschule lernt der Mensch, wie er zu Hause seinen Welpen erziehen soll. Meiden Sie Welpenspielgruppen, in denen schon viel Wert auf Gehorsamsübungen gelegt wird. Spielende Welpen heranzurufen ist z. B. unbedacht. Man kann es mit Locken (ohne Kommando) versuchen, hat man keine Chance, geht man einfach zu ihm und leint ihn an. Auch Fuß- und Sitzübungen im Welpenspielkreis sind in unseren Augen dem Erziehungserfolg eher abträglich. Lernen in Hundegruppen ist allgemein vergebene Liebesmüh. Achtung vor überfüllten Welpenspielgruppen, solchen, bei denen die Altersunterschiede zu groß sind und nicht auf Mobbing durch zu dominante Welpen geachtet wird. Schlechte Erfahrungen prägen den Welpen zeitlebens. Er kann Angst vor anderen Hunden entwickeln oder lernen, dass Angriff die beste Verteidigung ist und zum Raufer werden. Beobachten Sie zunächst ohne Hund die Vorgehensweise.

Lernen von Hör- und Sichtzeichen

Hör- oder Sichtzeichen verknüpft man nur mit dem Tun des Hundes. Wort und Handbewegung begleiten quasi das Verhalten des Welpen. Nicht ein Signal geben und erwarten, dass es der Lehrling ausführt. Erst später, etwa ab dem vierten Monat, kann man prüfen, ob er es auch auf Hör- und Sichtzeichen hin tut. Man behält immer den gleichen Begriff bei und begleitet ihn immer mit der gleichen Geste, die man meist automatisch macht.

Kennt er das Signal ganz sicher, wiederholt man es nicht, sondern gibt ihm Zeit nachzudenken und zu reagieren. Tut er nichts in angemessener Zeit, Pech gehabt, keine Belohnung. Man geht einfach weg.

Das nächste Mal fängt man von vorne an – Zeigen mit dem Signal. Loben – prima!

Wichtig ist, dass man nicht dauernd irgendwelche Dinge plappert, sondern klar und eindeutig bleibt und lieber abbricht, wenn man sieht, dass man beim Hund nicht ankommt, als heftig zu werden oder mehrmals vergeblich zu rufen. Der Hund lernt sonst, dass er uns ignorieren kann. Beim fertigen, erwachsenen Hund kann man auch schon mal Unmut zeigen und heftiger korrigieren. Junghunde sind nicht boshaft, entweder sie haben es nicht verstanden, oder sie sind abgelenkt. In der Pubertät kommt es eher schon mal zu „Hörschwierigkeiten". Dann nimmt man ihn an die lange Leine und fängt wieder so wie beim Welpen an. Keinesfalls wird man strenger, intensiver. Diese Phase muss man einfach durchstehen. Überreaktionen schaden nur dem Vertrauen und zerstören das bisher erreichte.

▶ Souveränität

Hunde sind nicht schwerhörig, im Gegenteil. Laute Hörzeichen sind unnötig. Je leiser wir mit dem Hund reden, desto aufmerksamer hört er zu. „Wer schreit, hat Unrecht!" Schnell erkennen unsere Hunde an unserer lauten Stimme unsere Ohnmacht, und die müssen wir ihm wirklich nicht so deutlich vermitteln! Ein guter Chef ist in allen Lebenslagen souverän!

Zerrspiele gewinnt nie der Hund – die Möhre wird zum Tausch angeboten. Ist sie interessanter als seine Beute, lässt er schnell los.

Fang. Hat der junge Hund den Gegenstand ausgelassen, loben Sie ihn mit einem Leckerbissen und geben ihm seine Beute zurück. Achten Sie darauf, dass er jedem Familienmitglied, auch dem kleinsten Kind, ohne zu murren alles abtritt. Wenn der Hund weiß, dass „Aus" nicht Verzicht bedeutet, wird es ihm leichter fallen. Er kann sogar lernen, erst alles, das er findet, heranzubringen, damit Sie es begutachten können!

Nimmt er im Freien etwas auf, dann fackeln Sie nicht lange. Knurren, „Aus" und den Gegenstand – notfalls mit Gewalt – aus dem Fang nehmen, ist die sicherste Lösung. Hier wäre beim hartnäckig widerstrebenden Hund ein Nackenstoß angemessen, denn es geht um seine Gesundheit. Haben Sie aber immer eine Leckerei zur Belohnung parat.

Herankommen

Dies ist die wichtigste Übung in der Hundeerziehung. Das Herankommen muss für den Hund immer Sicherheit und Freude bedeuten. Nur dann wird er zuverlässig und gerne auf Ruf oder Zeichen herankommen. Zur Einübung dieses Hörzeichens, das immer mit seinem Namen beginnt wie: „Arko, hiiiiier", rufen Sie den Welpen am besten, wenn er Ihnen ohnehin seine Aufmerksamkeit schenkt, z. B. wenn Sie die Futterschüssel oder einen Leckerbissen in der Hand halten. Gehen Sie in die Hocke und locken Sie ihn. Kommt er, wird er überschwänglich gelobt und bekommt eine Belohnung. Verlieren Sie niemals die Geduld und schimpfen Sie nicht, wenn er etwas länger braucht. Er würde sonst meinen, für das Herkommen bestraft zu werden, und all die Arbeit war umsonst.

In fremder Umgebung halten sich Welpen meist dicht bei Fuß. Man sollte sie in verkehrssicherem Gebiet frei laufen lassen und sich die natürliche Anhänglichkeit zunutze machen, um ihn immer wieder heranzulocken, zu streicheln und mit einem Leckerchen zu belohnen.

Hat er das Hörzeichen „Hier" begriffen, rufen Sie ihn auch, wenn er beschäftigt ist. Loben und Belohnung dürfen dann natürlich nicht fehlen. Abgesehen von den erzieherischen Maßnahmen sollten Sie den Hund nur

Auslassen

Die unverzügliche Befolgung des „Aus" kann lebensrettend für Ihren Hund sein, wenn er etwa beim Spaziergang etwas aufgenommen hat, das möglicherweise giftig ist. Üben Sie dies schon mit dem kleinen Welpen, z. B. wenn er mit etwas spielt oder an einem Büffelhautknochen knabbert. Sagen Sie „Aus" und halten Sie die Hand hin, damit er den Gegenstand abgibt, was er natürlich nicht tut. Knurren Sie selbst böse und tief und nehmen den Gegenstand aus seinem rufen, wenn es einen Grund dafür gibt, und dann auch auf dem Herankommen bestehen. Reagiert er nicht auf „Hier", macht man auf dem Absatz kehrt und läuft freudig erregt laut rufend (nicht das Hörzeichen, es geht nur um die Erreichung seiner Aufmerksamkeit) davon. Er wird Ihnen wie ein geölter Blitz folgen. LOBEN!

Sich zu verstecken, kann gefährlich sein. Ist der Hund zu sehr mit anderen Dingen beschäftigt, kann man sich zwar verstecken, aber nur so, dass man ihn im Auge behält. Hunde laufen in der Regel schnurstracks den Weg, den sie gekommen sind, zurück und suchen vor lauter Panik, Sie verloren zu haben, nicht. Sie müssen sofort rufen können, wenn er in die falsche Richtung losläuft!

Soll der Hund am Ende eines Spaziergangs angeleint werden, rufen Sie ihn heran (immer mit dem Namen des Hundes) und spielen mit ihm. Befindet sich der Hund in greifbarer Nähe, befestigen Sie unauffällig die Leine am Halsband, damit der Hund das Anleinen nicht als Strafe für das Herankommen betrachtet und zu den Vierbeinern gehören wird, die nur mit Mühe dazu zu bewegen sind heranzukommen, wenn es in Richtung Heimat geht. Bestehen Sie jedoch darauf, dass er kommt, egal, wie lange es dauert.

Ist der Hund zu sehr mit anderen Dingen beschäftigt, auf keinen Fall mehrmals rufen, das zeugt von Ohnmacht, die der Hund voll ausnutzt, sondern lieber hingehen und wortlos anleinen.

Üben an langer Leine

Beim älteren Hund, der sich gegen Sie durchzusetzen versucht, müssen Sie energischer werden. Er bleibt an der 10 m Leine, die er mitschleift. Damit können Sie ihn zeitgleich mit dem Hörzeichen durch zupfendes Ziehen heranholen. Loben Sie ihn ausgiebig, wenn er da ist.

Von der Leine lassen sollte man einen Hund nur, wenn er sicher auf das „Hier" hört. Ignoriert er Ihr Rufen, nehmen Sie ihn an die kurze Leine und lassen ihn eine Weile nicht mehr frei.

Macht der junge Flegel einmal so richtig was er will, ignoriert uns völlig, weil er gerade so toll mit anderen Hunden spielt oder nach Mäusen buddelt und wir langsam wütend werden, gehen wir wortlos zum Hund, nehmen ihn an die Leine und ab nach Hause. Schluss mit lustig! Nur nicht schreien und schimpfen, sondern bestimmt und konsequent durchgreifen. Auch diese Zeit geht vorbei.

Jogger, Spaziergänger mit Kindern, Radfahrer, Reiter begegnen uns heute ständig. Es gehört sich, den Hund schon für den Entgegenkommenden weithin sichtbar anzuleinen, damit er nicht erst Angst bekommt, der Hund könnte ihm zwischen die Füße, Hufe oder vor die Räder laufen. Hier ergibt sich eine gute Gelegenheit, den Hund in Ruhe heranzurufen, absitzen zu lassen und zu belohnen. Irgendwann kommt er automatisch, wenn er jemanden kommen sieht.

Links: Der Landseer-Welpe wird freundlich herangelockt.
Rechts: Der erwachsene Hund hat beim Herankommen nur seinen Menschen im Kopf. Die anderen Hunde können ihn nicht mehr ablenken.

Leinenführigkeit und Freifolge

Erwarten Sie nicht, dass Ihr Hund an der Leine grundsätzlich eine prüfungsreife Fuß-übung zeigt. Für den Alltag wollen wir einen Hund, der an lockerer Leine mit uns geht, alle Richtungs- und Schrittgeschwindigkeiten mitmacht, ohne dass wir stolpern, und stehen bleibt, wenn wir innehalten. Das für die Begleithundprüfung verlangte dichte Bei-Fuß-Gehen, Hals in Kniehöhe, ist für den Hund anstrengend und erfordert hohe Konzentration. Für den Alltag ist das unnötig. Der Hund lernt sehr wohl dieses sportlich korrekte Verhalten auf dem Übungsplatz im Unterschied zum lockeren Leinegehen im Alltag.

Legen Sie dem Welpen zunächst Halsband oder Geschirr um, später befestigen Sie die Leine, bis er sich an das „Anhängsel" gewöhnt hat. Nehmen Sie die Leine auf und gehen Sie ihm nach. Zwingen Sie den Welpen nicht in bestimmte Richtungen. Wenn er sich durch die Leine nicht mehr behindert fühlt, locken Sie ihn dahin, wohin Sie gehen wollen. Loben und belohnen Sie ihn.

Der Welpe wird mit einem Leckerchen in der Hand an unsere Seite gelockt, so dass er ein paar Schritte mitgeht. Dabei sagen wir „Fuß" oder was immer wir wollen. Schon nach zwei, drei Schritten, die er richtig macht, gibt es ein Leckerchen. Der Welpe soll das Hörzeichen mit seiner Position an unserer Seite verbinden. Die richtige Position eines Hundes ist leicht hinter uns zu folgen, nicht etwa Kopf vor dem Knie. Ein unterordnungsbereiter Hund muss für den Übungs-betrieb erst lernen, diese für ihn unnatürliche „Frontstellung" einzunehmen!

Der Welpe wird mit Vergnügen wie ein kleines Zirkuspferdchen neben uns hertraben. Mit zunehmendem Alter werden es mehr Schritte, mal schneller, mal langsamer mit Rechts- und Linkswendungen. Signalwort und Loben immer nur dann, wenn er es richtig macht. Keine Korrektur! Falsches Verhalten übergehen.

Stehen bleiben und Richtungswechsel

Bei den ersten Gängen an der Leine in unbekannter Umgebung üben wir natürlich nicht, er ist viel zu sehr mit anderem beschäftigt. Hat er Angst, lassen wir ihn ganz ruhig erst einmal die Umwelt aufnehmen, versuchen ihn zu locken. Klappt das nicht, verschieben wir den Ausflug. Keinesfalls für das Verhalten loben.

Muss man mit ihm das Haus verlassen, auf den Arm nehmen, damit er Sicherheit gewinnt. Mit zunehmendem Alter kommt die Neugier, die Welt zu entdecken.

Zieht er an der Leine, weil er einen anderen Weg einschlagen will (nicht aus Angst zurück ins Haus!), bleiben wir sofort stehen oder wenden uns unvermittelt in die entgegengesetzte Richtung, ohne ihm irgendwelche Aufmerksamkeit zu schenken. Er kommt nur voran, wenn er mit uns geht. Wir reden nicht mit ihm, beachten ihn nicht, sondern wenden uns immer gegen die Richtung, in die er zieht und zupfen dabei kurz an der Leine. Das sieht zwar ein wenig merkwürdig aus, hilft aber schon nach kurzer Zeit. Diese Übung werden wir im Hundeleben immer gebrauchen können, um die Konzentration des Hundes auf uns zu ziehen.

Am Beginn jeder Übung gilt es, die Aufmerksamkeit des Welpen auf sich zu lenken. Hier klappt es schon sehr gut.

Beherrscht der Hund diese Lektion, üben Sie mit ihm an belebten Plätzen. Auch unter Ablenkung muss er dicht bei Fuß an lockerer Leine gehen. Werden Sie niemals übermütig und lassen ihn ohne Leine bei Fuß im Straßenverkehr gehen. Hunde sind unberechenbar, egal, wie gut sie auch erzogen sein mögen. Im Straßenverkehr ist es nützlich, den Hund vor dem Überqueren einer Straße „Steh" machen zu lassen und nur auf das Signal „Fuß" hin die Fahrbahn zu betreten.

Frei bei Fuß gehen

Geht er freudig an lockerer Leine neben uns, kann man ihn an einem ungestörten Platz, wo er nicht abgelenkt wird, mit dem Hörzeichen „Fuß" von der Leine lassen. Klopfen Sie sich ans Knie, locken Sie ihn mit einem Leckerbissen, damit er dicht bei Ihnen bleibt. Hat er es ein paar Schritte gut gemacht, lassen Sie ihn sitzen und entlassen ihn dann mit dem Wort „Lauf" zu einer Toberunde. Bleibt er nicht bei uns, kommt er wieder an die Leine. Rasch wird er lernen, die Leinenübung und „Fuß" ohne Leine als Vorspiel zu einer fröhlichen Spielrunde zu betrachten. Bestehen Sie darauf, dass er die Übungen so lange ordentlich macht, wie Sie es wollen. Sie bestimmen das Ende der Übung, nicht der Hund. Und vergessen Sie nicht das Signal „Lauf" zum freien Toben. Die Übungen sollten immer nur sehr kurz sein.

Setzen

„Sitz" ist die einfachste Übung für den Welpen. Man führt das Leckerchen von der Nasenspitze über den Kopf nach oben hinten, so dass sich der Welpe automatisch setzt. Sobald er sein Hinterteil auf den Boden bringt, sagen wir „Sitz" und geben ihm das Leckerchen. Er muss sein Tun mit dem Wort verbinden.

▶ Positiv erziehen

Druck erzeugt Gegendruck, deshalb nie mit der Hand das Hinterteil auf den Boden drücken oder den Hund durch Druck auf die Schultern in die Platzlage bringen. Ohne diesen Druck lernt er viel schneller.

Das Leckerchen ziemlich dicht über die Nase und den Kopf nach hinten führen, der Beardie-Welpe setzt sich automatisch hin.

Ruhig und entspannt betrachtet man gemeinsam mit dem Welpen die neue Umgebung und gibt ihm Sicherheit.

Für das Hinlegen gibt es Leckerchen. Danach darf der Welpe gleich wieder laufen.

Legen

Auch das lernt der Welpe gleich am Anfang. Sobald er sitzt, zeigen wir ihm das Leckerchen, das wir mit dem Daumen in unserer Handfläche festhalten, drehen die Hand um – Handrücken nach oben, und führen die Hand vor die Vorderpfoten. Der Welpe muss vorne runter, wenn er es haben will. Und zwar so tief, dass er mit der Schnauze unter die dicht über dem Boden schwebende Hand kommt, wo das Leckerchen sofort auf den Boden fällt, wenn er liegt. In dem Moment, wo er mit den Vorderbeinen auf dem Boden liegt, kommt das Hörzeichen „Legen" oder „Down" (der Zischlaut des Platz wird leider oft mit Sitz verwechselt). Hat er das Hörzeichen gelernt, gehen Sie einen Schritt von ihm weg. Springt er auf, legen Sie ihn an den ursprünglichen Platz zurück und beginnen von vorne.

Hat er begriffen, dass er liegen bleiben soll, entfernen Sie sich ein paar Schritte weiter. Dehnen Sie die Liegezeiten auf einige Minuten aus. Steht er vorzeitig auf, wird er ohne Aufhebens oder ärgerlich zu werden an den Ausgangspunkt zurückgebracht. Wir fangen wieder mit kürzeren Abständen an, damit er niemals selbst bestimmt, wann er aufsteht. Hinlegen und Liegenbleiben sind lebenswichtige Übungen. Wann immer Sie „Down" rufen, muss der Hund zu Boden gleiten und liegen bleiben; auch wenn Sie weit von Ihrem Hund entfernt sind.

Stehen

Diese Übung ist vor allem für den Ausstellungshund wichtig, bei Tierarztbesuchen, aber auch um schöne Fotos von ihm zu machen. Viele Leute benutzen es wie das „Down", um den Hund bei Gefahr im Lauf innehalten zu lassen, oder vor dem Überqueren einer Straße. Üben Sie „Steh" schon mit dem Welpen. Legen Sie die flache Hand leicht unter den Bauch des Welpen und sagen Sie ruhig und beschwörend, niemals befehlend „Steh". Er wird mucksmäuschenstill sein. Nach ein paar Sekunden loben Sie ihn.

Anspringen ist eine schlechte Angewohnheit und sollte nicht toleriert werden.

Hochspringen

Will Ihr Hund an Ihnen hochspringen, wenden Sie sich abrupt ab, so dass sein Sprung ins Leere geht. Steht Ihr Hund mit allen vier Pfoten auf dem Boden, bücken Sie sich zu ihm hinunter und loben ihn. Er wird schließlich begreifen, dass er mit dem Hochspringen nichts erreicht. Springt er Fremde an, lassen Sie den Hund, ehe Sie die Tür öffnen, hinter sich abliegen. Er hat Besucher nicht als erster zu begrüßen.

Ständiges Bellen

Hunde können zu richtigen Kläffern werden, wobei dies auch von der Rasse abhängt. Sie sind mitteilsame Wesen, aber oft ist anhaltendes Kläffen ein Zeichen von Unter- oder Überforderung. Je klarer die Einbindung des Hundes in das Familienrudel, je mehr wir ihn sinnvoll beschäftigen, desto weniger wird er kläffen. Hysterisches Kläffen ist demnach ein Grund, die Beziehung zum Hund gründlich zu überdenken. Hunde kläffen auch, um Aufmerksamkeit zu erreichen. Forderndes Kläffen führt zu sofortigem Abbrechen der Aktion und totaler Nichtbeachtung. Sobald er auch nur Sekunden still ist, sofort Aktion wieder beginnen und loben. Kläfft er los, wieder abbrechen, ignorieren. Er wird lernen, dass das Kläffen keinerlei Erfolg verspricht. Auch Schimpfen bedeutet für den Hund Erfolg, weil er die geforderte Aufmerksamkeit erreicht hat.

Sobald der Welpe mit einem kurzen leisen Wuff ein Ereignis in seinem Umfeld meldet, müssen wir als zuständiger Eigentümer darauf eingehen, nachschauen was los ist und ruhig sagen, „Es ist gut, alles o.k.". Damit hat der Welpe seine Aufgabe als rangniederes Rudelmitglied erfüllt – er hat auf eine für ihn vermeintliche Gefahr aufmerksam gemacht. Wichtig ist, diese ersten Anfänge zu erkennen und ihn zu belohnen, wenn er still ist. Kläfft der Hund, weil wir seine Meldung ignoriert haben, wird meist lautstark mit ihm geschimpft. Das versteht er als „mitkläffen". Werden wir dann ungehalten, weiß er nicht warum und wird unsicher.

Allein bleiben

Manchmal muss man den Hund einige Zeit alleine in der Wohnung lassen. Nichts ist dabei unangenehmer als ein stundenlang heulender Hund. Das Wohlwollen von Mitbewohnern ist bestimmt nicht grenzenlos. Auch aus Protest zernagte Möbel oder Hundehäufchen bei der Rückkehr vorzufinden, ist nicht das, was man von einem gut erzogenen Hund erwartet. Das Training muss deshalb schon in den ersten Tagen im neuen Heim begonnen werden.

Wichtig ist, dass er von Anfang an lernt, dass Türen verschlossen werden und er nicht überallhin mitlaufen kann. Zunächst lässt ihn seine Anhänglichkeit, später sein Kontrollbedürfnis, uns überall hin folgen.

Am besten üben Sie nach einem Spaziergang, wenn der Hund müde ist. Sie bringen das Kerlchen auf seinen Schlafplatz, reichen ihm einen Kauknochen zur Beschäftigung, gehen, ihm gut zuredend, hinaus und schließen die Tür. Kratzt er an der Tür und weint, muss das ignoriert werden. Erst in der Sekunde, in der er still ist, öffnen wir die Tür, loben und belohnen mit einem Leckerbissen. Betreten Sie den Raum aber erst, wenn der Hund still ist. Er darf nicht glauben, dass er es schafft, Sie hereinzulocken, wenn er nur laut genug bellt.

Klappt es, solange Sie noch in der Wohnung sind, gehen Sie hinaus und machen die Haustür hinter sich zu. Hunde sind nicht dumm und wissen sehr wohl, ob Sie weggegangen sind oder nicht. Eventuell fängt er wieder an zu heulen, weil er glaubt, Sie seien fort. Beginnen Sie mit der Übung aufs Neue!

Zwei, die sich gut verstehen und aufeinander vertrauen.

Vorsichtige Kontaktaufnahme.

Wenn Hunde sich begegnen

Bei der Hundebegegnung ist zwischen normalen Abläufen des Sozialverhaltens in neutraler Umgebung und Revier- bzw. Eigentumsverteidigung zu unterscheiden. Soziale Auseinandersetzungen verlaufen meist unblutig rituell. Bei territorialer Verteidigung kann es zu heftigen Angriffen kommen – auch gegenüber Welpen! Deshalb sind Begegnungen stets zu kontrollieren und nicht den Hunden zu überlassen.

Begegnung mit fremden Hunden

Begegnen Ihnen fremde Hunde, halten Sie Ihren Hund zurück und erkundigen Sie sich beim Besitzer zunächst nach deren Verträglichkeit. Erst dann geben Sie Ihrem Vierbeiner Gelegenheit, Freundschaft zu schließen und ein wenig zu spielen. Der so genannte „Welpenschutz" ist ein weit verbreiteter Irrtum – es gibt ihn nicht. Welpen genießen nur in der eigenen Familie eine gewisse Narrenfreiheit. Rüden sind Welpen gegenüber in der Regel toleranter als Hündinnen, die in ihm u. U. Nachwuchs einer in ihrem Revier konkurrierenden Hündin sehen

und eventuell zubeißen. Rüden fühlen sich meist in der Erzieherrolle und maßregeln besonders kesse Jungtiere auf Hundeart, was der Welpe sofort versteht, er soll sich unterwerfen und „kleine Brötchen" backen. Jedoch können revierverteidigende Rüden böse werden und ernsthaft attackieren! Geht es ums Revier, nützt dem Kleinen keine Unterwerfungsgeste! Deshalb Welpen nie fremden Hunden in deren Haus und unmittelbarem Umfeld unbedarft vor die Nase setzen! Richtige Attacken können den Welpen lebenslang prägen, so dass er entweder ängstlich reagiert oder zum aggressiven Erstschläger wird.

Geeignete Spielkameraden

Bei Spielpartnern immer auf Kräftegleichheit achten, was besonders für kleine Hunde und Welpen wichtig ist. Spielerische Kämpfe mit einem viel größeren Hund wirken auf den kleinen lebensbedrohlich und können ihn sogar verletzen. Bei Welpenspielgruppen werden hier oft Fehler gemacht, die den Hund ein Leben lang negativ prägen, und man erreicht genau das, was man vermeiden wollte.

Ein Hund, der gelernt hat, sich aggressiv gegen größere und überlegene Welpen erfolgreich zu wehren, sieht später immer wieder im Angriff die beste Verteidigung. Die hier eingeprägte Angst ist kaum wieder gutzumachen.

Sexualer Kontakt – die Grand Blue de Gascogne-Hündin wird interessiert von dem Basset Bleu de Cascogne-Rüden überprüft.

Rüden und Hündinnen kommen immer gut miteinander aus, auch wenn die vom Rüden bedrängte Hündin scheinbar gefährlich in die Luft schnappt, um ihn zu vertreiben. Geht es jedoch um die Revierverteidigung, manche Rassen sind ausgesprochen territorial und gelten deshalb als unverträglich, kann auch diese Regel gebrochen werden.

Fragen Sie stets den Besitzer, ob der Hund verträglich ist, ehe Sie freie Bahn gewähren. Halten Sie Ihren Hund niemals grundsätzlich von anderen Hunden fern – im Gegenteil: Kontakte mit Artgenossen sind für ein gesundes Sozialverhalten unerlässlich.

Es gebietet die Höflichkeit, den eigenen Hund anzuleinen, wenn der entgegenkommende Besitzer das auch tut. Es gibt viele Gründe, warum ein Hund Kontakt vermeiden soll: heiße Hündin, Genesung von einer Krankheit, Verhaltensprobleme usw.

Begegnung mit aggressiven Hunden

Unangenehm sind immer Hunde, die offensichtlich nicht auf ihren Besitzer hören, wenn sie herangerufen werden und mit gesenktem Kopf und erhobener Rute, unseren Hund mit stechendem Blick fixierend, auf uns zu traben. Ihnen weicht man am besten – wenn man kann – demonstrativ in einem weiten Bogen aus, geht lieber ein Stück zurück und biegt in einen anderen Weg ein, bis der Hund vorbei ist. Meist genügt ihnen diese deutliche Geste des Respekts, um in Ruhe das Bein zu heben und weiterzugehen. Ich mache in brenzligen Situationen meinen Hund los (sofern es kein Verkehrsrisiko gibt) und schaue den fremden Hund nicht an, nehme meinen an die Seite, so dass ich mich zwischen ihm und dem fremden Hund befinde, und gehe ganz zügig weiter, damit er schnell mitkommt und sich gar nicht erst auf ein Begegnungsritual einlässt.

Niemals stehen bleiben, wenn Hunde steif umeinander herumgehen und sich beschnüffeln, niemals dulden, dass sie sich tief in die Augen schauen – fixieren, darauf folgt meist eine Auseinandersetzung. Zügig weggehen, nicht rennen, und sehen, dass der eigene Hund folgt. Kommt es doch zum Streit, sieht es meist wüster aus als es ist. Ruhe be-

Der so genannte „Welpenschutz" ist ein weit verbreiteter Irrtum – es gibt ihn nicht! Welpen genießen nur in der eigenen Familie eine gewisse Narrenfreiheit. Whippet Nikki ist seiner bescheidenen Cousine wohl gesonnen.

wahren, laut und zornig „Aus" rufend auf die Hunde zugehen, die meisten lassen sich ablenken, gemeinsam mit dem anderen Hundebesitzer versuchen, den eigenen Hund zu greifen und die Widersacher auseinander ziehen. Leichter gesagt als getan. Man kann als Hundebesitzer nur hoffen, dass solche ernsten Situationen nie vorkommen. Ausschließen kann man sie nicht. Beißunfälle unter Hunden wird es leider immer geben. Dies ist ein wichtiger Grund, niemals Kinder alleine mit dem Hund ausgehen zu lassen!

Bei aggressiven Begegnungen an der Leine (Hunde verhalten sich angeleint meist viel aggressiver), wo man sich nicht ausweichen kann, unterbreche ich den Blickkontakt zum anderen Hund. Ich lasse meinen Hund sitzen und stelle mich, Rücken zum anderen Hund, vor ihn. Bislang hat das immer Ruhe gebracht. Kleine Hunde sollten nicht auf den Arm genommen werden; die Tatsache, dass der Hund nun von oben in dominanter Position auf den Widersacher herunterblickt, kann diesen erst recht zum Angriff animieren.

Die kräftigen Bernhardinerwelpen haben es schwer, passende Spielpartner anderer Rassen zu finden.

Begegnung unter Hunden

Die gezeigten Abläufe, wie sich Hunde bei einer Begegnung verhalten und was daraus entstehen kann, sind natürlich nur Anhaltspunkte bei normal veranlagten Hunden mit gutem Sozialverhalten. Hält sich einer der Hunde nicht an die hundlichen Regeln, kann es zu bösen Raufereien kommen.

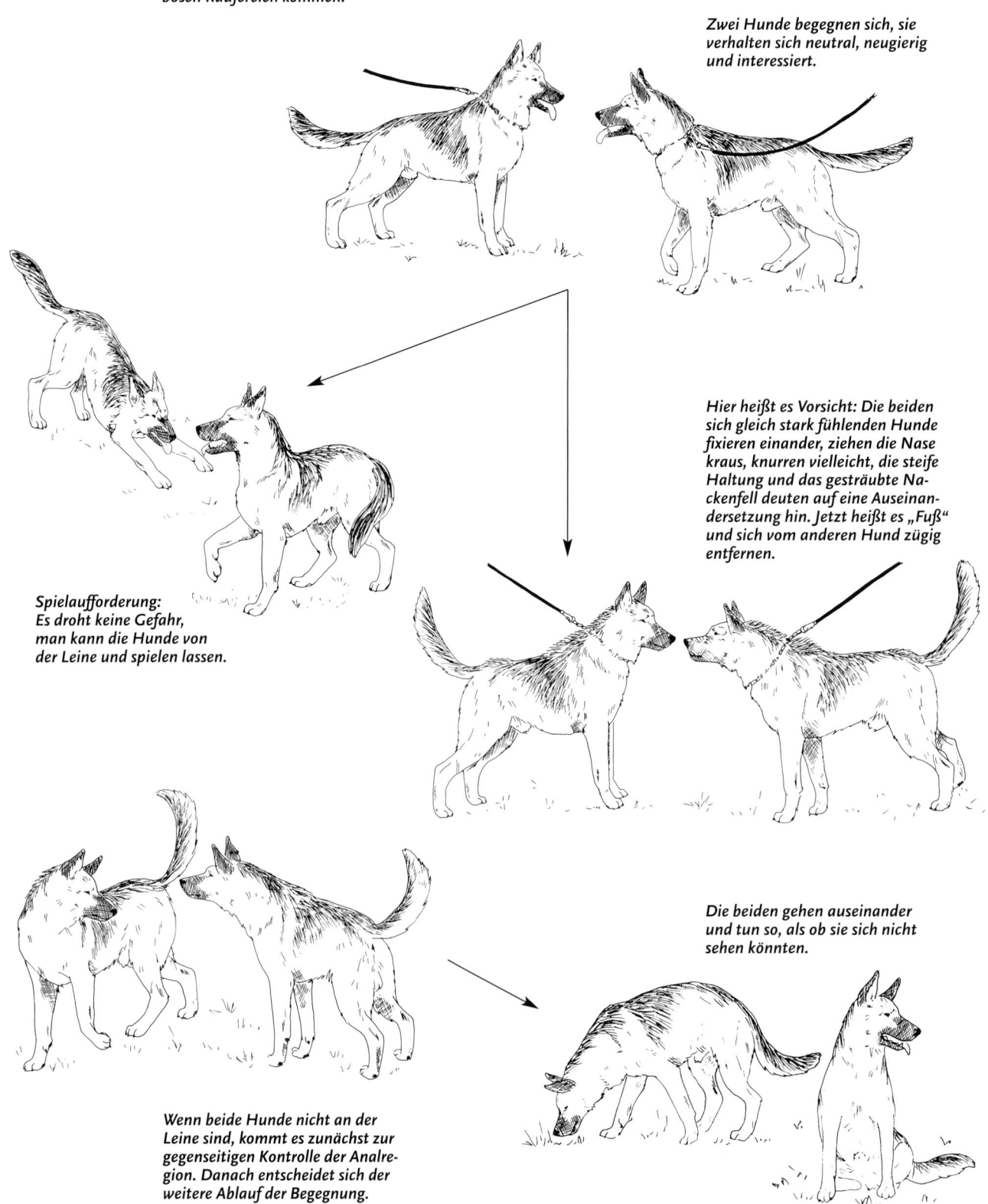

Zwei Hunde begegnen sich, sie verhalten sich neutral, neugierig und interessiert.

*Spielaufforderung:
Es droht keine Gefahr, man kann die Hunde von der Leine und spielen lassen.*

Hier heißt es Vorsicht: Die beiden sich gleich stark fühlenden Hunde fixieren einander, ziehen die Nase kraus, knurren vielleicht, die steife Haltung und das gesträubte Nackenfell deuten auf eine Auseinandersetzung hin. Jetzt heißt es „Fuß" und sich vom anderen Hund zügig entfernen.

Die beiden gehen auseinander und tun so, als ob sie sich nicht sehen könnten.

Wenn beide Hunde nicht an der Leine sind, kommt es zunächst zur gegenseitigen Kontrolle der Analregion. Danach entscheidet sich der weitere Ablauf der Begegnung.

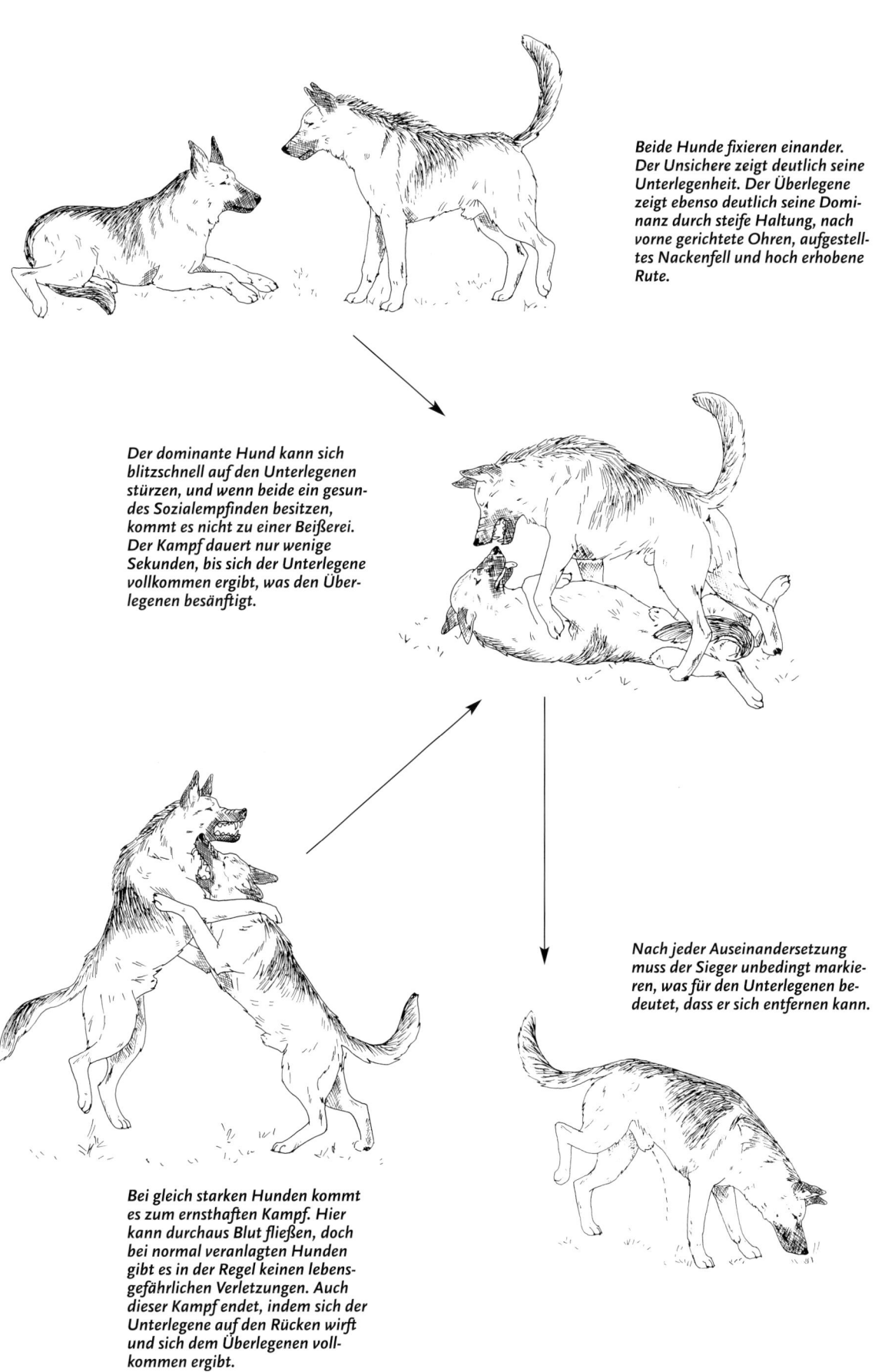

Beide Hunde fixieren einander. Der Unsichere zeigt deutlich seine Unterlegenheit. Der Überlegene zeigt ebenso deutlich seine Dominanz durch steife Haltung, nach vorne gerichtete Ohren, aufgestelltes Nackenfell und hoch erhobene Rute.

Der dominante Hund kann sich blitzschnell auf den Unterlegenen stürzen, und wenn beide ein gesundes Sozialempfinden besitzen, kommt es nicht zu einer Beißerei. Der Kampf dauert nur wenige Sekunden, bis sich der Unterlegene vollkommen ergibt, was den Überlegenen besänftigt.

Bei gleich starken Hunden kommt es zum ernsthaften Kampf. Hier kann durchaus Blut fließen, doch bei normal veranlagten Hunden gibt es in der Regel keinen lebensgefährlichen Verletzungen. Auch dieser Kampf endet, indem sich der Unterlegene auf den Rücken wirft und sich dem Überlegenen vollkommen ergibt.

Nach jeder Auseinandersetzung muss der Sieger unbedingt markieren, was für den Unterlegenen bedeutet, dass er sich entfernen kann.

Freizeit mit dem Hund

Bewegung und Auslauf

Der Spaziergang ist die gemeinsame Jagd und deshalb für jeden Hund der Höhepunkt seines Seins. Er hält den Hund körperlich fit und bietet ihm Abwechslung und geistige Anregung. Ein großer Garten ist nur gut, um sich mehrmals täglich mit dem Hund ausgiebig zu beschäftigten. Lediglich Herdenschützer und territoriale Hofhunde sind mit der Bewachung des Anwesens ausgelastet.

Der Spaziergang beginnt im Haus. Der Hund soll sitzen und geduldig warten, bis er „angezogen" ist, d. h. Geschirr oder Halsband und Leine um hat. Das beginnt man liebevoll mit dem Welpen. Der Hund hat hinter seinem Menschen das Haus zu verlassen, denn der Chef sichert vor der Haustür erst einmal ab, ob alles in Ordnung ist. Dann folgen einige Unterordnungsübungen wie einige Schritte bei Fuß gehen an lockerer Leine (beim Junghund natürlich nur so weit er es gelernt hat) mit Rechts-, Links- und Kehrtwendungen, Sitz und Platz. Bitte bringen Sie diese Geduld auf! Für den Hund ist dann der Freilauf die schönste Belohnung und Sie haben Ihre Führungsrolle bestätigt. Fahren Sie mit dem Auto zum Spazierweg, dann auch dort zunächst vor dem Freilauf eine kurze Unterordnungsübung, die in einer Übung endet, die der Hund sicher kann und für die er mit dem Freilauf belohnt wird. Der Freilauf beginnt stets mit einem Hörzeichen wie z. B. „Lauf".

Welpe und Junghund

Meistens machen frischgebackene Hundebesitzer vor überschwänglichem Stolz den Fehler, mit dem Welpen überall hinzuwandern. Doch das bekommt ihm gar nicht. Er muss in erster Linie schlafen und fressen, dazwischen spielen, dann wieder fressen und schlafen. In den ersten Wochen genügt es,

wenn Sie in diesen Spielphasen mit dem Welpen toben. Allzu lange Wanderungen schaden dem Wachstum von Muskulatur, Sehnen und Knochen. Junghunde mit zu viel Bewegung schießen in die Höhe, anstatt langsam zu wachsen, und sind meist zu dünn. Werden Sehnen und Gelenke zu früh stark beansprucht, führt dies zu unschönen Veränderungen im Körperbau und evtl. sogar zu krankhaften Fehlentwicklungen des Knochenbaus.

Allerdings ist es falsch, junge Hunde zu schonen und vom Hund selbst bestimmte Bewegungen zu unterbinden. Bergauf-bergab, auch Treppen begehen gehören zu den für die Entwicklung aller Muskeln, Sehnen und Knorpel wichtigen Bewegungen. Einseitige Überbeanspruchung oder extreme Sprungleistungen sind immer schlecht.

Erkundungsausflüge

Um den Welpen früh an seine Umwelt heranzuführen, nehmen Sie ihn im Auto in die Stadt mit: in Kaufhäuser, auf stark befahrene Straßen, auf den Bahnhof. Diese ersten Erkundungstouren sollte der acht bis zehn Wochen alte Welpe auf Ihrem Arm unternehmen, was ihm Sicherheit gibt. So wird er nicht getreten und man vermeidet unangenehme Begegnungen mit Artgenossen.

Nach abgeschlossener Impfung kann er an der Leine mitgehen.

Diese „Lehrgänge" sollten anfangs nicht länger als zehn Minuten dauern und alle paar

Tage wiederholt werden. Bestätigen Sie Angst nicht durch Bemitleiden, nehmen Sie ihn heraus aus der Situation und versuchen Sie es später wieder. Zeigen Sie durch Ihr Verhalten, dass es nichts zu fürchten gibt. Es ist wichtig, dass schon der kleine Welpe an lärmende Umwelt gewöhnt wird, denn verbringt er die ersten Monate im Garten und bei einsamen Waldspaziergängen, wird er beim ersten Omnibus in Panik geraten und u. U. sein Leben lang im Straßenverkehr Angst haben. Achten Sie aber darauf, dass ihm unangenehme Erfahrungen erspart bleiben. Im Vertrauensaufbau müssen Sie für ihn der schützende Mutterersatz sein. Nehmen Sie den Hund nicht mit, wenn Sie unter Zeitdruck stehen. Für diese ersten wichtigen Gänge mit dem jungen Hund muss man vollkommen entspannt und konzentriert sein!

Manche Hunde beschäftigen sich stundenlang mit Mäusefangen. Gemeinsame Beschäftigung mit dem Menschen muss dennoch sein.

Länge der Spaziergänge

Wählen Sie den Zeitpunkt für Spaziergänge zwischen den Fütterungen, wenn er ausgeschlafen ist. Überhungerte Tiere sind wie Menschen nervös. Ab dem 5. oder 6. Monat können Sie ausgedehntere Ausflüge mit dem Welpen unternehmen; gehen Sie aber nur so weit, wie er freudig mitgeht. Trottet er lustlos hinterher, war die Strecke zu lang. Vorsicht, manche Junghunde scheinen nie genug zu kriegen und überfordern sich selbst! Eine halbe Stunde morgens und abends genügt. Für erste Erziehungsschritte, Spielen und Toben ist der Garten da.

Ab neun Monaten darf sich ein Spaziergang über ca. eine Stunde erstrecken, ab einem Jahr machen einem normal gebauten, sportlichen Hund lange Wanderungen nichts aus. Streckenlänge kurzbeinigen, sehr kleinen oder übergroßen Hunden anpassen. Mittlerweile sollte der Hund absolut gehorsam sein und auf Ruf sofort zurückkommen, damit Sie ihn in gefahrloser Gegend frei laufen lassen können. Ist dies nicht der Fall, lassen Sie ihn an möglichst langer Laufleine – nicht Flexileine – seine Umgebung erkunden, erschnüffeln und evtl. „Bein heben".

Diese Kurzhaar Collies können nicht genug vom Ballspielen kriegen, sie sind besonders aktiv und arbeitsfreudig.

Wildern

Wie stark Hunde an Wildtieren interessiert sind und Jagdleidenschaft zeigen, hängt von der Rasse ab. Doch gibt es durchaus Jagdhunde, die sehr gut kontrollierbar sind, und z. B. Hütehunde, die eine große Jagdleidenschaft zeigen. Um das selbstständige Jagen zu unterbinden, ist eine gute Bindung zum Menschen Voraussetzung. Diese Bindung muss von klein an durch gemeinsames Spiel, Suchspiele und Gehorsamsübungen (sicherer Rückruf) gefestigt werden. Bis diese Bindung und der Gehorsam aufgebaut sind, sollten Sie Ihren Hund in wildreichem Gebiet an eine lange Schleppleine nehmen.

Die beiden wohlerzogenen Setter lieben es, im Wald Hindernisse zu überspringen.

Spaziergänge interessant gestalten

Frei laufen muss ein Hund deshalb, weil seine Gangart nicht der unseren entspricht – seine normale Fortbewegungsart ist der Trab –, er ermüdet schneller, wenn er sich anpassen muss. Spielzeugwerfen, Versteckspielen, Futterbeutelsuchen und gelegentlich mit anderen Hunden toben sind wesentliche Bestandteile eines Spaziergangs. Beschäftigen Sie sich mit Ihrem Hund unterwegs. Nehmen Sie immer ein Spielzeug mit. Gehen Sie nie darauf ein, wenn er einen

Stock bringt und nach Laune wieder liegen lässt. Denken Sie daran – Sie sind der Chef und Herr des Spielens. Außerdem können Stöcke brechen und den Hund lebensgefährlich im Rachenraum verletzen.

Ganz schlecht für die gemeinsame Bindung und zuverlässigen Gehorsam ist es, sich zu den Spaziergängen regelmäßig mit anderen Hundebesitzern zu treffen, den Hunden freien Lauf zu lassen und gemütlich schwätzend zu wandern. Hunde nutzen die Unaufmerksamkeit immer zu Unsinn! Das kann man gelegentlich machen, aber bitte nur gelegentlich. Sonst entziehen Sie sich die eigene Grundlage im Umgang mit Ihrem Hund!

Auf längere Märsche nimmt man am besten im Rucksack Wasser und einen Napf mit, damit der Hund nicht aus brackigen Pfützen trinkt. In unserer heutigen, leider so oft vergifteten Umwelt weiß man nie, was sich im Wasser befindet (z. B. giftige Düngemittel, die der Regen aus den Feldern gespült hat). Dies gilt auch für Bäche und andere Gewässer. In den Rucksack gehören die nötigsten Utensilien zur Ersten Hilfe sowie Rescue Tropfen (Bach-Blüten), Desinfektionsmittel.

Such- und Bringspiele

Diese spielerischen Übungen fördern ungemein die gemeinsame Beziehung und sollten deshalb von Anfang an mit dem Welpen geübt werden.

Suchen

Suchspiele sind eine herrliche Beschäftigung auf Spaziergängen oder bei schlechtem Wetter in der Wohnung. Läuft der Welpe zu einem Spielzeug, begleiten wir das Tun mit „Such". Wir beginnen mit leicht zu findendem Verstecken von Spielzeug und Leckerchen. Man weist mit der Hand in die richtige Richtung, sagt „Suuuch" und lobt tüchtig, gibt das Leckerchen oder spielt, wenn er gefunden hat. Das Finden selbst ist schon eine Belohnung. Die Verstecke werden mit dem zuverlässigen Suchen des Hundes im Laufe der Zeit immer schwieriger, verteilen sich im ganzen Haus, beim Spaziergang wird etwas im Laub verbuddelt usw. Auch Herrchen / Frauchen suchen oder sogar fremde Menschen finden, lernen die Hunde rasch. Diese Suchspiele machen dem Hund riesigen Spaß und sind eine sinnvolle Beschäftigung, die man gemeinsam mit dem Hund tun kann und sollte. Ein Hund, der solche Spiele mit seinem Menschen kennt, wird ihn kaum aus den Augen lassen, denn man weiß ja nie, wann er etwas Wichtiges verliert, das man suchen muss. Suchspiele empfinden die gemeinsame Jagd nach, wobei die Betonung auf „gemeinsam" unter unserer Führung liegt. Außerdem sind „Such Schlüssel" oder „Such Leine" nützliche Übungen, die dem Hund auch Spaß machen. Die Betätigungsmöglichkeiten sind unendlich. Ideal für Suchspiele sind die Futterbeutel nach Natural Dogmanship® (siehe S. 134).

Später holen Sie ihn nämlich nicht mehr ein. Bringen darf nie Strafe, Unmut oder Frust bedeuten, dann liefert er gerne alles zu Ihrer Begutachtung ab.

Das Bringen ist aber auch für die Spaziergänge eine wunderbare Übung, weil man den Hund mit Wurfbällen oder Kongs in Bewegung halten kann und dabei gleichzeitig das Spielvergnügen auf die eigene Person bezieht. Man ist Herr des Spielzeugs, wirft und lässt es sich bringen. Diese Beschäftigung mit dem Hund ist besser, als einfach nur hinter ihm herzutrotten, und jeder macht sein Ding.

Einmal angewöhnt, lieben fast alle Hunde diese Spiele, die aber nur dann Sinn machen, wenn der Hund sein geworfenes Spielzeug

Korrektes Apportieren erfordert Geduld und Disziplin auf beiden Seiten.

Mit Bringspielen kann sich ein lebhafter Hund sehr gut austoben und bleibt unter Kontrolle.

Bringen

Im Fang etwas zu transportieren ist hundetypisch. Bei manchen Rassen ist dieses Verhalten stark ausgeprägt, bei anderen weniger. Es kann jedoch von klein an geübt werden, da alle Welpen ihre Beute abschleppen. Wenn Sie das beobachten, locken Sie den Welpen mit Spielzeug oder Essbarem im Fang mit dem Wort „Bring" heran, dann belohnen Sie ihn. Immer wenn der Welpe etwas bringt, darauf eingehen, spielen, belohnen. Auch wenn er etwas aufgenommen hat, das er nicht haben darf, ist es viel besser, wenn er freudig damit angelaufen kommt, als wenn Sie hinter ihm herrennen müssen.

zuverlässig sucht und zurückbringt. Von zu Hause kennt er das Hörzeichen „Bring", und draußen wird nur dann weitergespielt, wenn er es in die Hand abgibt oder zum Greifen nah vor uns ablegt. Ein respektvoller Hund wird es eher ablegen. Akzeptieren Sie das. Unterscheiden Sie aber zwischen einem fordernden Vor-die-Füße-werfen und Haschenspielen, damit die Ballmaschine Mensch weitermacht. Das muss natürlich unterbunden werden.

Wir entscheiden, wann und wo gespielt wird, bestimmen das Ende und stecken den Ball anschließend in die Tasche. Danach wird jede weitere Spielaufforderung ignoriert.

Diese Übung ist zirkusreif!

Radfahren, Reiten und Schwimmen

Hunde, die für ihre ursprünglichen Aufgaben weite Strecken zurücklegen mussten, wie z. B. Jagd- und Hütehunde, brauchen für ihre physische Gesundheit entsprechende Bewegung. Hierzu bietet sich das Begleiten eines Fahrrads, Pferdes oder Joggers an. Diese Aktivitäten sind allerdings psychisch stupide und sollten mit interessanten Aufgaben kombiniert werden, um den Hund auch geistig auszulasten.

Fahrradfahren

Das Fahrradtraining beginnt man frühestens mit dem ausgewachsenen Hund nach einer gründlichen tierärztlichen Untersuchung, insbesondere der Herz-Lungen-Funktion. Man schiebt zunächst das Rad mit dem angeleinten Hund neben sich her, damit er sich an das Gerät gewöhnt. Hunde gehen am Rad immer rechts, dem Verkehr abgewandt. Ist er ein geübter links „Bei-Fuß-Geher" üben Sie das Rechtsgehen erst, wenn er sich ans Rad gewöhnt hat, um ihn nicht zu verwirren.

Läuft der Hund vor das Rad, fahren Sie ihn damit ganz vorsichtig an, damit er lernt, dass das unangenehm und absolut tabu für ihn ist. Solange Sie es noch schieben, kann er

Eine professionelle Befestigung des Hundes am Rad hilft Unfälle vermeiden.

sich nicht verletzen. Klappt das, nehmen Sie das Rad zwischen sich und den Hund.

Erst wenn er sicher an lockerer Leine neben dem Rad geht, können Sie aufsteigen und langsam losfahren. Dabei geben Sie dem Hund das Hörzeichen „Rad" und nicht „Fuß", das würde ihn wieder an die linke Seite bringen! Üben Sie an ruhigen Plätzen, bis Sie sicher sind. Danach gewöhnen Sie ihn an Straßenverkehr, Passanten usw. Sprechen Sie mit dem Hund, er muss sich auf Sie konzentrieren, Abzweige mitgehen, er darf nicht zerren oder plötzlich stehen bleiben. Katzen und Hunde müssen für ihn tabu sein. Das erfordert am Anfang hohe Konzentration. Beenden Sie jede Übung mit viel Lob und einer Spielrunde.

Klugerweise beginnen Sie das Radfahren nicht mit dem vor Temperament und Lauffreude überschäumenden Hund, sondern nach einem ausgedehnten Spaziergang. Er sollte sich lösen können und der erste Übermut muss verraucht sein. Die Übungsstrecken sind anfangs nur kurz, bis sich Muskeln, Bänder, Sehnen und Pfotenballen an die neue Belastung gewöhnt haben. Auf Asphalt läuft sich der Hund rasch die Pfoten wund! Ganz allmählich verlängern Sie die Strecke.

Der Hund bewegt sich stets im gestreckten, nicht überhasteten Trab. Erzwungener Galopp auf längerer Strecke schadet Herz und Knochen. Gönnen Sie ihm zwischendurch immer wieder Spiel-, Löse- und Erholungspausen. Sie sollen ja keine Rekorde brechen, denn das Radfahren muss den körperlichen Voraussetzungen des Hundes angepasst sein und dient nur Ihrer persönlichen Bequemlichkeit, damit Sie all die Kilometer nicht zu Fuß gehen müssen, die Ihr Hund gerne laufen würde und sollte!

Auch kleinere Hunde lieben Radtouren, jedoch sollen sie sich nach Bedarf im Körbchen am Rad ausruhen können. Für müde, ältere, größere Hunde gibt es überdachte Fahrradhänger, in denen der Hund sicher untergebracht ist.

Selbstverständlich müssen die Strecken so gewählt werden, dass sich der Hund nie überanstrengt. Halten Sie die Leine stets locker in der Hand und wickeln Sie sie nie um Handgelenk oder Lenker. In einer Notsituation müssen Sie die Leine sofort loslassen können, um schwere Stürze zu vermeiden.

Wenn Sie Ihren Hund in der Schönwetterzeit ordentlich trainiert haben, im Winter aber nicht fahren möchten, sollten Sie den Hund zum Herbst hin allmählich auf die Ruhezeit vorbereiten und den Trainingsumfang abbauen, ebenso im Frühjahr wieder allmählich aufbauen.

Für längere Radtouren gilt, die heißen Stunden am Tag zu meiden und immer Frischwasser mitzuführen.

Reiten

Für viele Pferdebesitzer gibt es nichts Schöneres, als den Hund auf Ausritte mitzunehmen. Anders als beim Rad, wird der Hund nicht an der Leine geführt. Das setzt voraus, dass er zuverlässig gehorcht und keine Neigung zum Stromern und Wildern hat. Außerdem sollte er unbeirrt neben dem Pferd laufen, wenn z. B. Menschen oder andere Hunde entgegenkommen. Er sollte körperlich geeignet sein, dem Pferdetrab mühelos über längere Strecken zu folgen.

Das Pferd darf nicht nervös und übersensibel sein. Beide müssen allmählich aneinander gewöhnt werden. Das macht man am besten zu zweit, einer führt das Pferd, der andere den Hund. Weder Hund noch Pferd dürfen miteinander schlechte Erfahrungen machen, soll ein Team heranwachsen, das Freude am gemeinsamen Ausritt hat.

Schwimmen

Für die Entwicklung der Muskulatur und des gesamten Bewegungsablaufs ist Schwimmen das Beste, was Sie Ihrem Hund bieten können – vorausgesetzt, dass das Gewässer sauber ist. Apportieren aus dem Wasser macht Riesenspaß und ist gesund.

Die meisten Hunde sind begeisterte Schwimmer, manche allerdings bedürfen einiger Hilfestellung. Zum Üben eignet sich ein flacher Badesee außerhalb der Badesaison. Man rollt das Bällchen in die Flachwasserzone, später wirft man es ins tiefere Wasser. Scheut sich der Hund nachzuschwimmen, geht man selbst ins Wasser. Irgendwann wird sein Trieb zu folgen so groß, dass er seine Wasserscheu überwindet.

Neufundländer sind passionierte Schwimmer und ideal für die Ausbildung zum Wasserrettungshund geeignet.

Wäller Balu und der Haflinger sind ein gutes Team, die so manches Kunststück eingeübt haben.

Appenzeller Sennenhund beim Agility.

Spiel und Sport mit dem Hund

Es gibt viele schöne Beschäftigungsmöglichkeiten mit dem Hund bis hin zu sportlichen Wettbewerben auf internationaler Ebene. Für fast jeden Hund ist etwas dabei, nur sollte der Hund niemals zum Sportartikel degradiert werden und seine Gesundheit aus sportlichem Ehrgeiz dabei nie aufs Spiel gesetzt werden. Doch nicht alle Rassen haben Spaß am Sport oder sind körperlich dafür geeignet.

Begleithundeprüfung (BH)

Der organisierte Hundesport in Deutschland findet unter den Regeln des VDH statt. Die BH ist Voraussetzung für die Teilnahme an Agility-, Obedience-, Fährtenhund- und Vielseitigkeitsprüfungen und muss bei einem VDH-anerkannten Verein abgelegt werden. Fast jeder größere Ort hat einen solchen Hundesportverein. In recht formeller Form, wie man sie im Alltag nur bedingt braucht, wird der Gehorsam mit und ohne Leine, Sitz und Platz, Herankommen und Abliegen sowie sein Verhalten im Straßenverkehr überprüft. Hundebesitzer, die zum ersten Mal eine BH ablegen, müssen einen Sachkundenachweis erbringen. Zugelassen sind Hunde aller Rassen und Größen ab 15 Monaten.

Flyball

Eine schöne Bewegungssportart für jeden Hund, der gerne spielt und läuft, ist Flyball. Der „fliegende Ball" kommt aus den USA und wurde inzwischen zu einem Wettkampfsport entwickelt. Man arbeitet in Teams, die parallel gegeneinander laufen.

Der Hund muss dabei vier nicht allzu hohe Hindernisse überspringen und mit der Pfote den Auslösemechanismus der Ballmaschine betätigen. Der Ball springt etwa 60 cm weit heraus, der Hund schnappt den Ball und bringt ihn über die vier Hürden zurück

Der Appenzeller löst mit der Pfote den Ballsprung aus und fängt ihn im Flug.

über die Ziellinie, wo sein Mensch anfeuernd auf ihn wartet. Es ist vor allen Dingen für nicht mehr allzu bewegliche Menschen eine gute Möglichkeit, den Hund zu beschäftigen, denn die Arbeit macht ganz allein der Hund.

Zunächst muss man dem Hund zeigen, wie er mit der Pfote den Ballwurf auslöst. Der eine begreift sofort, der andere braucht etwas länger. Ballspielnärrische Hunde sind meist zu aufgeregt und brauchen relativ lang, ehe sie den Zusammenhang „Klappe treten – Ball fangen" begreifen, während Hunde, die bedächtiger sind, schneller das Klappetreten lernen, sich aber in manchen Fällen gar nicht für den fliegenden Ball interessieren.

Turnierhundsport (THS)

Turnierhundsport wird vielerorts angeboten und ist für sportliche Hund-Mensch-Teams eine herrliche Beschäftigungsmöglichkeit. Die in ganz Deutschland beliebten Turniere sind Wettkampf und Vergnügen in einem.

Vor allen Dingen ist die Sportlichkeit des Hundeführers gefragt, denn er muss mitlaufen. Das erfordert gute Kondition und genaue Abstimmung mit dem Hund. Ohne gründliches Training besteht bei der heute starken Konkurrenz keine Erfolgschance. Das sollte aber den weniger ehrgeizigen Hundesportler nicht davon abhalten, auf seinem Übungsplatz die Geräte mit seinem Hund zu nutzen und sich und dem Hund den Bewegungsspaß zu gönnen.

Zum THS gehören: Geländelauf (2000 und 5000 m), Vierkampf I und II, Combination-Speed-Cup (CSC) und Qualifikations-Speed-Cup (QSC), wobei es auf Zeit und/oder fehlerfreie Ausführung ankommt.

Der Vierkampf besteht aus 1) Gehorsamsübungen wie Leinenführigkeit, Freifolge (Bei Fuß ohne Leine), Sitz- und Platzübung, 2) dem Hürdenlauf, 3) Slalomlauf und 4) Hindernislauf. Der Slalomlauf erfordert größte Geschicklichkeit von Mensch und Hund, denn beide müssen gemeinsam die Stangen umlaufen.

Auch der Geländelauf fordert vom Hundeführer Kondition und Training. Am beliebtesten bei Akteuren und Zuschauern ist stets der Hindernislauf. Er erstreckt sich über 75 m und acht Hindernisse, die der Hund springend, kletternd und kriechend überwinden muss. Beim Combination-Speed-Cup geht es darum, im Dreierteam in kürzester Zeit einen Hindernisparcours zu überwinden.

Frisbee

Seit Whippet Ashley in den USA von seinem Herrchen in der Pause eines großen Sportereignisses unerlaubt vorgeführt und im Fernsehen übertragen wurde, ist Frisbee der große Hundespaß. Nach speziellen Hunde-Frisbee-Wurfscheiben springen kleine und große Vierbeiner um die Wette. Ob Ge-

lenke und Sehnen der kühnen Springer auf Dauer diesen Hochleistungssport aushalten, ist fraglich. Doch hin und wieder ein fröhliches Frisbee-Spiel macht jedem Vierbeiner Spaß, vorausgesetzt der Zweibeiner kann richtig werfen! Auf Seminaren lernt man das richtige Werfen, um die Gesundheit des Hundes nicht zu gefährden. Es werden auch in Europa Wettbewerbe durchgeführt.

Frisbee macht Spaß, die Wurftechnik muss allerdings gelernt sein, damit der Hund keine ungesunden Sprünge machen muss.

Agility ist eine beliebte Sportart für Hunde, die sehr gerne springen und aktiv mit dem Menschen arbeiten. Whippet im Slalom (links) und beim Reifensprung.

Agility

Die witzige Idee eines Veranstalters, als Pausenspaß bei Reitturnieren Hunde über die Hindernisse zu schicken, war ein solcher Erfolg, dass die Hunde bald eigene, kleinere, dem Springparcours nachempfundene Hindernisse bekamen und in den Pausen sogar Turniere durchführten. Daraus entwickelte sich sehr schnell und überaus erfolgreich der Agility-Sport ("Behändigkeit"), der inzwischen weltweit so beliebt ist, dass sogar internationale Meisterschaften ausgetragen werden.

Agility ähnelt nur auf den ersten Blick dem Turnierhundsport. Wie bei den Pferden, stehen die Hindernisse bei jedem Turnier an anderer Stelle, so dass der Hund nicht einfach losjagen kann, sondern die Hindernisse nur auf Anweisung seines Menschen, der natürlich mitlaufen muss, bewältigen darf. Das setzt zuverlässigen Gehorsam und optimale Zusammenarbeit voraus. Die Hunde werden wegen der Chancengleichheit in die Größenklassen Mini, Midi und Maxi eingeteilt.

Ein idealer Agility-Hund sollte körperlich fit und beweglich sein, schnell laufen und gut springen können, dabei anhänglich und führig, gehorsam und doch temperamentvoll verspielt sein, um Freude an der Sache zu haben. Er darf kein Stürmer sein und muss präzise arbeiten, denn nicht der schnellste Hund ist der beste, sondern der schnellste, der die wenigsten Fehler macht.

Damit die Hunde einer möglichst geringen Verletzungsgefahr ausgesetzt sind, müssen die Hindernisse nach genauen Regeln genommen werden. Laufhindernisse dürfen nicht übersprungen werden, sondern der Hund muss zu seiner eigenen Sicherheit die vorgegebenen Kontaktzonen betreten, sonst gibt es Strafzeiten. Reine Gehorsamsübungen wie das „Platz bleib" auf einem Tisch gehören ebenso dazu, wie das Durchlaufen flexibler Tunnelschläuche und der Slalom. Im Gegensatz zum Turniersport muss sich der Hund alleine zwischen den Stäben durchschlängeln. Auch die Wippe, über die der Hund balancieren muss, ist eine schwierige Übung.

Der Parcours erstreckt sich über 100 bis 200 m und 10 bis 20 Hindernisse, je nach Turnierart oder Prüfung für Anfänger und Fortgeschrittene. Großer Beliebtheit erfreut sich der Mini-Parcours für kleine Rassen, die besonders wendige und begeisterte Agility-Sportler sind.

Agility ist ein wundervoller Freizeitspaß, stellt aber hohe Anforderungen an das Team, wie Konzentration auf den Parcours, den Partner und Schnelligkeit, denn die Zeit des zuletzt durchs Ziel Kommenden zählt.

Treibball

Eine neue Beschäftigungsart für Hüte- und Treibhunde. Nur werden Bälle statt Schafe getrieben. Gehorsam auf Distanz gehört ebenfalls dazu. Ein Kopf- und Körpertraining für den Hund.

Der Hund darf während des Wettkampfs kein Halsband tragen und niemals Körperkontakt mit seinem Menschen haben, noch darf dieser ein Hindernis berühren. Der Hund muss sprichwörtlich „aufs Wort" folgen!

Obedience – Gehorsam

In den angelsächsischen Ländern seit vielen Jahren eine ernsthaft betriebene und sehr beliebte Sportart sind wettbewerbsmäßige Gehorsamsprüfungen, bei denen sogar Championtitel vergeben werden.

Hier wird vom Hund exaktes Ausführen von Gehorsamsübungen verlangt. Besonders schwierig ist die Distanzkontrolle, Sitz-, Platz- und Stehübungen, die der Hund in 10 m Entfernung exakt nach Anweisung auszuführen hat, ebenso wie Links- und Rechtswendungen oder Gehorsamsübungen mitten in der Bewegung beim Heranrufen. Neben Apportieren und Sitzen in der Gruppe muss der Hund einen vom Menschen berührten Gegenstand identifizieren.

Das alles läuft mit leisen Signalen nach Anweisung ab. Es herrscht atemlose Stille beim faszinierten Publikum, bis die letzte Prüfung vollendet ist und das Mensch-Hund-Team unter tosendem Applaus in einer fröhlichen Spielrunde mit lautem Gebell die Spannung der äußersten Konzentration abwirft. Wettbewerbsmäßiges Obedience ist sicher eine Sache für Spezialisten. Aber auch ohne Ambitionen auf sportliche Lorbeeren macht das Erarbeiten der Übungen in kleinen Schritten mit viel Spiel und Lob den meisten Hunden sehr viel Spaß.

Dogdancing

Dies ist eine Art Freistil-Obedience, d. h. Hund und Mensch müssen exakt zusammenarbeiten, so dass die nach Musik ausgeführten Gehorsamsübungen wie ein gemeinsamer Tanz anmuten. Auch dieser Sport erfreut sich wachsender Beliebtheit.

Dummy-Arbeit für Retriever

Retriever sind Spezialisten und in ihrer Heimat nur für das Apportieren von geschossenem Wild gezüchtet worden. Damit alle Retriever, die heute nicht mehr jagdlich eingesetzt werden, eine sinnvolle Beschäftigung bekommen, empfindet man das Apportieren von geschossenem Wild mit einer Attrappe, dem sog. Dummy, nach. Hier gibt es auch Leistungsprüfungen in verschiedenen Stufen. Das für die Dummy-Prüfung Erlernte wird bei so genannten. Working Tests praxisnah gefordert, das heißt, es gibt keine Prüfungsordnung. Die Aufgabenstellung ist deshalb besonders reizvoll.

Es gibt noch mehr Beschäftigung mit dem Hund wie z. B. Karrenziehen, Langstreckenwanderungen, Querfeldeinläufe, doch alle stecken hier noch in den Kinderschuhen.

Obedience – der Bobtail muss sich auf Handzeichen auf der Stelle verharrend, setzen, legen und stehen.

Service

Zum Weiterlesen und Adressen

Hunderassen

Krämer, Eva-Maria: **Der große Kosmos-Hundeführer.** Kosmos, 2009

Krämer, Eva-Maria: **Hunderassen.** Kosmos, 2010

Hundeerziehung

Blenski, Christiane: **Hunde erziehen ganz entspannt.** Kosmos, 2005

Bloch, Günther: **Der Wolf im Hundepelz.** Kosmos, 2004

Fichtlmeier, Anton: **Grunderziehung für Welpen.** Kosmos, 2005

Führmann, Petra und Nicole Hoefs: **Das Kosmos-Erziehungsprogramm für Hunde.** Kosmos 2006

Jones, Renate: **Aggresion bei Hunden.** Kosmos, 2009

Nijboer, Jan: **Hunde erziehen mit Natural Dogmanship.** Kosmos, 2011

Tellington-Jones, Linda: **Tellington-Training für Hunde.** Kosmos, 2010

Theby, Viviane: **Die Kosmos-Welpenschule.** Kosmos, 2004

Winkler, Sabine: **Hundeerziehung.** Kosmos, 2009

Hundeverhalten

Abrantes, Roger: **Hundeverhalten von A – Z.** Kosmos, 2005

Bailey, Gwen: **Was denkt mein Hund?** Kosmos, 2005

Bloch, Günther: **Timberwolf Yukon und Co.** Kynos, 2002

Feddersen-Petersen, Dr. Dorit: **Hundepsychologie.** Kosmos, 2004

Nijboer, Jan: **Hunde verstehen mit Jan Nijboer.** Kosmos, 2004

Schöning, Barbara: **Hundeverhalten.** Kosmos, 2008

Schöning, Barbara; Nadja Steffen; Kerstin Röhrs: **Hundesprache.** Kosmos, 2004

Spiel und Beschäftigung

Durst-Benning, Petra und Carola Kusch: **Spiele-Spass für Hunde.** Kosmos, 2006

Führmann, Petra und Nicole Hoefs: **Erziehungsspiele für Hunde.** Kosmos, 2011

Laser, Birgit: **Obedience für Einsteiger.** Cadmos, 1999

Lind, Ekard: **Richtig spielen mit Hunden.** Kosmos, 2004

Schneider, Dorothee und Armin Hölzle: **Fährtentraining.** Kosmos, 2005

Theby, Viviane und Michaela Hares: **Agility.** Kosmos, 2011

Weber, Nicole: **DogDancing.** Kosmos, 2004

Zvolsky, Norma: **Die Kosmos-Retrieverschule.** Kosmos, 2009

Gesundheit

Backhaus, Thomas: **Der Schlüssel zur Hundegesundheit**, Holisticvet-Verlag 2010

Becvar, Wolfgang: **Naturheilkunde für Hunde.** Kosmos, 2003

Biber, Vera: **Allergien beim Hund.** Kosmos, 2010

Brehmer, Marion: **Bach-Blüten für die Hundeseele.** Kosmos, 2010

Lausberg, Frank: **Erste Hilfe für den Hund.** Kosmos, 2009

Narath, Elke: **Massage für Hunde.** Kosmos, 2004

Rustige, Barbara: **Hundekrankheiten.** Kosmos, 1999

Zucht

Eichelberg, Helga (Hrsg.): **Hundezucht.** Kosmos, 2006

Krämer, Eva-Maria und Ulrike Siegel: **Hundezucht für Einsteiger.** Cadmos, 2005

Zeitschriften

Unser Rassehund
Verband für das Deutsche Hundewesen e. V.
Westfalendamm 174
44141 Dortmund

Partner Hund
Das Deutsche Hundemagazin
Gong Verlag GmbH
Münchener Str. 191/09
85737 Ismaning

Der Hund
Deutscher Bauernverlag GmbH
Wilmsaue 36
10713 Berlin

Deutschland

Verband für das Deutsche Hundewesen e.V. (VDH)
Westfalendamm 174
44141 Dortmund
Tel. 0231 56 50 00
Fax 0231 59 24 40
Info@vdh.de
www.vdh.de

Deutscher Tierschutzbund e. V.
Baumschulallee 15
53113 Bonn
bg@tierschutzbund.de
www.tierschutzbund.de

Haustier-Zentralregister für Deutschland e. V. (TASSO)
Postfach 14 23
65783 Hattersheim
Tel.06190 40 88
www.tiernotruf.de

Deutscher Hundesportverband e. V. (dhv)
Gustav-Sybrecht-Straße 42
44536 Lünen
info@dhv-hundesport.de
www.dhv-hundesport.de

Österreich

Österreichischer Kynologenverband (ÖKV)
Siegfried Marcus-Str. 7
2362 Biedermannsdorf
Tel. 0043 2236 710 667
Fax 0043 2236 710 667 30
office@oekv.at
www.oekv.at

Schweiz

Schweizerische Kynologische Gesellschaft (SKG)
Länggassstr. 8
3001 Bern
Tel. 0041 313 01 58 19
Fax 0041 313 02 02 15
Skg.scs@bluewin.ch
www.hundeweb.org

Register

Bildnachweis und Impressum

Bildnachweis

Mit 263 Farbfotos von Eva-Maria Krämer (www.infohund.de) und weiteren Fotos von Magdalene Grenz (3: S. 8, 9), Heidrun Holzapfel (1: S. 86), Christof Salata/Kosmos (3: S. 66, 120), Wolfgang Siegel (1, S. 21 unten) und Karl-Heinz Widmann/Kosmos (4: S. 123).

Schwarzweiß-Zeichnungen von Rainer Benz (S. 85), Mia Ejerstad (S. 15, 106/107), Eva Hohrath (S. 11), Prof. Dr. Drahn (S. 10), Schwanke & Rasch (S. 84).

Hundeverhaltensberatung: Maria Luise Winnig

Impressum

Umschlag von eStudio Calamar unter Verwendung von Farbfotos von Ulrike Schanz (Vorderseite) und Eva-Maria Krämer (Rückseite).

Mit 270 Farbfotos, und 20 Schwarzweißzeichnungen.

Unser gesamtes lieferbares Programm und viele weitere Informationen zu unseren Büchern, Spielen, Experimentierkästen, DVDs, Autoren und Aktivitäten finden Sie unter **www.kosmos.de**

Alle Angaben in diesem Buch erfolgen nach bestem Wissen und Gewissen. Sorgfalt bei der Umsetzung ist indes dennoch geboten. Autorin und Verlag übernehmen keinerlei Haftung für Personen-, Sach- oder Vermögensschäden, die aus der Anwendung der vorgestellten Materialien und Methoden entstehen könnten.

FSC
www.fsc.org
MIX
Papier aus verantwortungsvollen Quellen
FSC® C022125

Gedruckt auf chlorfrei gebleichtem Papier

Zweite, vollständig überarbeitete Auflage
© 2011, Franckh-Kosmos Verlags-GmbH & Co. KG., Stuttgart
Alle Rechte vorbehalten
ISBN: 978-3-440-12515-1
Redaktion: Hilke Heinemann
Produktion: Eva Schmidt
Printed in Germany / Imprimé en Allemagne